智元微库
OPEN MIND

成长也是一种美好

产品观与逻辑链

产品思维进阶手册

植国贤 著

人民邮电出版社

北京

图书在版编目（ＣＩＰ）数据

产品观与逻辑链：产品思维进阶手册 / 植国贤著
. — 北京 ：人民邮电出版社，2024.6
ISBN 978-7-115-64246-2

Ⅰ. ①产… Ⅱ. ①植… Ⅲ. ①产品设计－手册 Ⅳ.
①TB472-62

中国国家版本馆CIP数据核字(2024)第077409号

◆ 　著 　植国贤
责任编辑 　张渝涓
责任印制 　周昇亮
◆ 人民邮电出版社出版发行　　北京市丰台区成寿寺路 11 号
邮编　100164　 电子邮件　315@ptpress.com.cn
网址　https://www.ptpress.com.cn
天津千鹤文化传播有限公司印刷
◆ 开本：880×1230　1/32
印张：7.25　　　　　　　　2024 年 6 月第 1 版
字数：150 千字　　　　　　2024 年 6 月天津第 1 次印刷

定价：59.80 元
读者服务热线： （010）67630125　　 印装质量热线： （010）81055316
反盗版热线： （010）81055315
广告经营许可证：京东市监广登字 20170147 号

前言

利益是影响决策的根本因素

团队是取胜的决定性因素

这是一本关于产品的书。

我们时时刻刻都在和产品打交道，有些产品并没有在我们的记忆中留下任何痕迹，有些产品则成为"爆品"，在很大程度上影响和改变了我们的生活。

如何做出一款有影响力的产品？这是常常出现在我们产品人脑海里的问题。

在我的职业生涯中，到目前为止，我主要参与了两款产品的开发与维护。其中一款是 Foxmail，我参与了从 3.1 到 5.0 阶段的开发工作；另一款是注塑机的 KePlast 控制软件系统，我和团队共同努力，把产品从起步阶段做到高端注塑机控制器品牌国内占有率第一。

很幸运，我参与开发、维护的这些产品都是它们所在行业领先的优秀产品，这让我可以接触和学到很多做出好产品的理念和方法。

无论你是产品设计师、软件工程师、产品团队主管，还是从事其他与产品相关的工作，如果可以从产品理念、产品方法、产品思维等方面更多地了解产品背后的逻辑，或许会对你的工作有一些有益的帮助。

本书从作者个人职业生涯几度迷茫，之后终于找到个人的梦想写起，接着通过几位行业著名人士的奋斗案例，提出"一个没有梦想的产品经理，大概率不会是一个优秀的产品经理"，并论证了梦想与使命所具有的强大力量，指出梦想是做出好产品的原动力。

在"产品观"部分，本书在"基础篇"中首先提出了"做对用户更有价值的东西"的产品观才是"正"的产品观；其次，"技能篇"从思想和技能方面详细讲述了打造好产品的方法；最后，

"提高篇"从更高的思考高度讲述如何做出有灵魂的优秀产品，以及如何理解未来、如何参与竞争，并介绍了目前常用的软件架构设计，让读者对不同软件架构的特点和适用领域有一个较为全面的基本认识。

在"逻辑链"部分，本书首先介绍了逻辑链分析法的基本原理和使用方法，结合实际案例讲述如何使用逻辑思维工具解决实际问题；然后，提出了以下两个关键的观点。

* 利益是影响决策的根本因素
* 团队是取胜的决定性因素

在对第一个观点的论述中，作者首先提出"有没有一个因素，在面对不同决策问题时始终存在，并且对最终决策起到决定性作用"的问题，并给出了答案：有，这个因素就是"利益最大化"。然后，通过历史事例、经典商战案例及作者的亲身经历，从不同层面进行剖析，最后得出结论：以尽可能高的高度，尽量广的范围来思考，并以"利益最大化"作为衡量标准，将会更有助于我们做出正确的决策。

在对第二个观点的论述中，作者先提出了好团队具备的四个关键特征："平等""分享""互助""有灵魂"。然后分别对每一个特征进行了深入浅出的讲解，深刻揭示建设好团队的正确思想底座；又通过自身团队建设的成功经历，总结出简练、可操作性强的团队建设操作指引，非常值得读者借鉴。

最后，作者认为没有多少理论是永远正确的。随着时代的发展，书中提出的大部分观点，日后大概率会被人证明是不正确的，或者是不完全正确的。因此，我们需要用发展的眼光来看问题，不能死板僵化，要善于学习，更要善于质疑，活学活用。

书中引用和借鉴了多位行业前辈的精彩观点，尤其是来自我的首位职业生涯导师张小龙的观点，在此特别鸣谢！

本书得以顺利出版，还需要感谢朋友们的大力帮忙，包括帮忙引荐一流出版社的老同事，给书稿提了很多宝贵意见的行业前辈和亲密的小伙伴，以及一丝不苟地审核稿件的编辑朋友们。同时，也要感谢我的家人一直以来给我的支持和帮助！

最后，更要感谢你选择阅读这本书！如果这本书可以给你带来一点点收获，那么，我们的付出就很值得了。

目录

B 产品观

C　逻辑链

D　后记

E　参考文献

引子

A1　　　　　　　　　　本书的由来

我为什么会写这本书呢？

最初是源自一个无意间的触动：我最近参与了一个项目，需要和用户体验设计（User Experience Design，UED）部门的同事共同探讨各种设计方案。我发现，有时候问题决策的效率之所以很低，是因为对于一些本应很容易达成共识的问题，我们往往也要经过很多解析、争论，甚至需要投票，才能确定下来。

我想，一个原因是部分同事对该项目涉及的产品和它的使用场景了解不多，需要一个熟悉过程；而另一个更主要的原因则可能是部分同事对产品设计的一些基本理念和方法并没有很好地理解，不能从本质上，对一些设计方案进行准确判断。

于是我提议："要不，我抽时间整理一下过往的一些经验，找时间和大家分享一下？"于是，就有了这本书的前身——一份关于产品设计思维的演讲稿。

同事们对我的演讲评价还不错。于是，我又陆续对演讲稿进行了一些补充和修改。有一天，我心血来潮，想："是不是可以写得再详细一点，把它写成一本书呢？如果能够出版，或许能给更多朋友提供参考。"于是，就有了这本书。

本书从梦想谈起，"产品观"部分由浅入深地讲述产品设计的技术方法和思考模型，继而论述如何才能做出有灵魂的产品；"逻辑链"部分则从逻辑思考的角度，进一步阐明做决策需要以全面、清晰的逻辑推理为基础，然后从人性和逻辑的角度，对"影响决策的根本因素"和"取胜的决定性因素"两个问题进行讨论，并给出了基于本人多年实践和感悟得到的答案。

我希望通过本书和读者们分享本人在多年职业生涯中收获的一些有价值的工作方法和心得感悟。

初入职场的新人阅读本书，可以从书中看到一个职场人成长的心路历程，减少自己对不确定的未来发展的恐惧；同时在产品设计和产品思维方面，收获一些有用的方法和理念。

初入职场，你可能既不了解产品，也不了解用户。我们可以通过本书"产品观"部分的"技能篇"，分别从"用户""需求""产品设计"等方面，学习关键的基础技能；在"提高篇"从"用户体验""做有灵魂的产品"到"对未来的理解"，层层递进地学习如何打造优秀的产品，看到前进的方向和未来的图景。通过本书，你可以学到产品设计的基础知识，并逐步建立正确的产品理念和思考模型，为后续工作打下基础。

已经有一定工作经验的读者，阅读这本书的收获可能会更多一些。一方面，你可以将书中我的实践和理论与自己的实际工作进行对照，也许会碰撞出不少火花，产生更多的灵感；另一方面，我经历多年的探索，最后终于找到自己的定位和梦想的故事，也许能够给你一些启迪，从平淡的"过日子"状态中走出来，找到自己的梦想和使命。

随着工作业务的日渐熟练和能力的提升，你可能将会或者已经成为团队的管理者，那么如何更好地产生驱动力？如何管理好团队？如何让团队成为你所希望的样子？本书"逻辑链"部分的"提高篇"，从底层逻辑出发，给出的我在实践中总结出来的答案，也许值得你参考。

希望本书会对你的产品设计思维和人生有所启发。

有句话叫一切皆有因，一切皆成缘。

在朋友们的帮助下，我能够完成和出版这本书，你又刚好读到它，我想这都是缘分吧。

A2　　　　　　　　　不再迷茫

每天，每个人都在选择，产品经理更是这样。

进入正题之前，我想和大家分享我的一个感悟，这是我用了 20
年才想清楚的一个问题。

一位投资界的朋友请我和他的一些朋友一起吃饭，相互认识一
下，其中一位听完我朋友对我的介绍，说："植总，你从 IT 行业
转行到自动化行业，这是降维打击啊。"

其实，我曾经也是这么认为的，直到在创业的艰难阶段，我突然
想：这不是在"走下坡路"吗？确实是降维了，只不过是"降

维，然后被打击"，哈哈。（关于"降维打击"，推荐大家阅读刘慈欣的《三体》，会有更深刻的理解。）

我刚步入社会时，在自身条件并不出众的情况下，非常幸运地加入了 Foxmail[①] 团队，参与了 Foxmail 从 3.1 到 5.0 版本的开发工作。

在 Foxmail 团队的日子是一段我终生难忘的经历，深刻地影响和塑造了我的职业观和工作风格。作为一个初入职场的懵懂少年，我从接受一些最基础的任务开始，在同事们的帮助下，逐步成长。

现在回想起来，在 Foxmail 团队的日子是最开心的，我体验到了那种很纯粹的努力工作、努力玩的状态。当然，对我来说，这项工作是很有挑战，很有压力的。

随着时间的推移，我的工作进入了一个平台期。面对着用户源源不断的需求；解答不完的客户问题；新功能开发完一个，接着还有好几个，工作的激情总是短暂的。

---

① Foxmail 是一款电子邮件客户端软件，中国著名的软件产品之一，中文版使用人数超过 400 万人，英文版的用户遍布 20 多个国家，名列"十大国产软件"。

由于自身的局限性，我好像看不到自己和公司在可预见的未来会有什么突破。因此，我开始对未来感到迷茫。（当然，Foxmail团队很快开启了新一段传奇之旅。这是另外的故事，在此按下不表。）

我的第二份工作是在 KEBA 公司负责建立 KePlast 技术团队[1]。通过学习和摸索，我制定了清晰、有效的团队运作规则，团队也形成了良好的分享、互助氛围。

团队在实现良性运作之后，就能够很好地应对客户的需求和公司发展的需要，而我常常在做一些重复性工作，特别有挑战性的事情好像干得不多了，有时候觉得上班挺无聊的。因此，我又一次感到了迷茫。

终于，我一咬牙，决定辞职并开始创业。蒙眼狂奔了几年，很可惜没有幸运地成为创业路上"九死一生"中的"一"。于是，我更加迷茫了……

直到 2020 年，在人生继续"下沉"的时候，我突然发现自己好

---

[1] 一个行业自动化应用软件开发团队。

像踩到海底的地面了。

在经历沉重的挫败之后，一个人如果能够放低姿态，做一些过去不愿意做或者不屑去做的事情，反而可能会有一些意想不到的收获。

我接受了一家机械设备公司的邀请，给他们的设备写 PLC 控制程序 。在很早以前，他们就提出过希望我可以抽时间帮他们做这件事情，只是我一直都有其他"更重要"的事情在忙，就搁置了这件事情。现在正好有时间，可以静下心来试试。

对一个拥有 20 多年编程经验的程序员来说，写自动化设备的控制程序，其实不是一件太复杂的事情，然而，这段写 PLC 控制程序的经历，却对我过去 20 多年的经验和认知造成了很大的冲击。

随着工作的深入，我发现原来工控领域存在两个"平行的世界"：一个是我过去十几年从事自动化行业工作所认识的，使用与 IT 行业同等水平的，基于现代软件开发技术和思维模式实现的自动化控制；另一个则是依然停留在几十年前，紧抱传统梯形图"刀耕火种"的传统自动化控制。

在经过深入了解和实际项目检验后，我突然知道，我接下来要做什么了。

就如史蒂夫·乔布斯（Steve Jobs）对时任百事可乐总裁的约翰·斯卡利（John Sculley）说的："你是要继续卖糖水，还是改变世界？"我想，我也应该去"改变世界"——**改变传统自动化控制，哪怕只是一点点的改变**，哪怕自己只不过是不自量力的堂吉诃德。

于是，工作有了方向，我对未来有了梦想。心中有梦，眼里有光，从此不再迷茫。

A3   谈谈梦想

我们时不时会谈到人生的三个终极问题。

* 你是谁?
* 你从哪里来?
* 你要到哪里去?

每一次我感到迷茫的时候,也往往是我比较渴望得到这三个问题
的答案的时候。之所以会渴望得到答案,往往是因为我看不清未
来的方向,对现状感到不满意,希望寻求突破,希望找到更值得
奋斗的目标。

接下来，我想通过几个例子，带大家一起看看业界一些有影响力的人物，是如何来探寻和思考这三个问题的答案的。

A3_1_ 李开复

《世界因你不同：李开复自传》一书讲到，李开复在他的几段工作中，一直和中国青年有着近距离的交流。"中国人未来的希望"是其父亲一生的牵挂，李开复很早就受其父亲的影响，他相信，中国青年的未来，正是中国人未来的希望。

当他履行完与谷歌公司的第一份工作合约后，谷歌公司为了和他续签合约为他开出极为优厚的条件。然而，李开复早已明确他的人生奋斗目标——帮助中国青年圆梦。他决定去创办一家帮助中国青年创业的"创新工场"，和中国青年一起打造新奇的技术奇迹。

正如李开复先生所说："你未来的人生之路，就在你的每一次选择中。"

A3_2_ 雷军

"人因梦想而伟大。"

雷军说:"我的梦想始于大学时代。当时,我在图书馆里读了一本书,叫《硅谷之火》,讲的是乔布斯等企业家创业的故事。读完这本书,我久久不能平静,在操场上跑了一圈又一圈,心中仿佛燃起了一团火,从此有了一个梦想:创办一家伟大的公司。

"自 1991 年参加工作以来,我参与创办了金山软件公司、卓越网,也做过天使投资人。在梦想的感召下,我始终保持认真努力的工作状态,坚持科技报国,坚持产业报国。"

2010 年,雷军创立小米公司。9 年后的 2019 年,小米成为最年轻的世界 500 强公司。

A3_3_ 张小龙

张小龙是一个很平实的人，待人没有架子，公司里的所有人都称呼他为小龙。

我曾经在 Foxmail 团队跟随小龙工作 4 年，却从来没有听他谈过自己的梦想，只听过他对产品设计提出的极致要求，他说："做产品就要像做一件艺术品一样，外表精致，内在和谐。"

小龙有一个很鲜明的特征，那就是他如果认准了一件事情或者一个方向，就会发挥出惊人的耐力和潜能，将事情做到极致。

他的爱好非常广泛，只要他喜欢上某项活动，就一定会成为这个领域的高手，不管是围棋、台球、乒乓球、卡丁车、摄影、网球，还是高尔夫，当然，还有写程序、做软件产品。

小龙还有一个特别厉害的地方——对问题具有超强判断力，拥有能快速看清问题背后逻辑的能力。对于复杂问题，他常常能够快速把握问题的关键，找到解决问题的最优路径，并预判未来的发展趋势。

我很确信，小龙心中是有梦想的，只有梦想能带来如此强大的驱动力。

正如他在饭否上的独白："这么多年了，我还在做通信工具。这让我相信一个宿命，每一个不善于沟通的孩子都有强大的帮助别人沟通的内在力量。"

这算不算是他的梦想或者使命呢？

当我们参与设计一个产品时，如果只把它当成一个任务或者一项工作去完成，那么，在很大程度上可以预料，这个产品很可能达不到优秀的程度，更难以成为经典，甚至连可持续性都是一个问题。

想把一件事情做好，想把产品做到极致，仅仅靠外部的推动或者一时的热情是难以实现的，还需要一种更深层次的驱动力。一个人或一个团队的信念与梦想，则是最好的驱动力。

一个没有梦想的产品经理，大概率不会是一个优秀的产品经理。

产品观

基础篇

B1　　　　　　　　　　　什么是产品观

人们常常谈到三观，即"世界观""人生观""价值观"，并且认为三观是很重要的，它们会从根本上决定一个人的思维境界、人生发展，以及处事、决策的根本取向。

那么，"产品观"又是什么呢？

产品观实际上和三观差不多，是判断产品设计哪个正确，哪个错误的标准。

产品观的应用范围非常广泛，大到产品甚至公司的发展战略，小到每个按钮的位置甚至用户界面（User Interface，UI）中细节的改动。每个产品经理都会有自己的产品观。公司常见的产品争论大战，争的基本上就是产品观。

做人，要有正确的三观；做产品，也要有正确的产品观。

做人，如果三观不正，不可能取得真正意义上的成功。正如腾讯公司创始人马化腾所说："人品要特别正直，如果说有任何的问题，哪怕能力再强，我们都不会要这个人的。"做产品，如果产品观不正，产品同样飞不高、走不远。

B2　　　　产品观怎样才算"正"

我们设计产品时的取舍原则应该是**"做对用户更有价值的东西"**，这才是真正的站在用户角度的思考，而不是公司领导的一句话，运营的一个需求，也不是卖点里堆砌的数据。

如果大家思考问题的出发点不是做有价值的事情，而是能做出多好的数据，那么这个出发点是有一点危险的。

在某年春晚的抢红包大战之前，微信并没有把它当成一场大战来对待。

微信最终的思考点是"让用户带来用户，让口碑赢得口碑"，这是一个与阿里巴巴完全不同的思考点。

如果采用对用户更有价值的做法，产品最终获得的口碑往往会特别好，同时做出的数据也会很好。

怎样才能做到产品观"正"呢？说起来既容易，又很难。之所以说容易，是因为我们不难判断出哪些做法是**"对用户更有价值"**的，哪些不是；之所以说很难，是因为我们思考问题的时候，往往会受到各种因素的影响，而这些因素常常会导致我们偏离真正的用户价值。

亚马逊创始人杰夫·贝索斯（Jeff Bezos）说：**"善良比聪明重要，聪明是一种天赋，而善良是一种选择。"**我认为，**善良是每个产品人最核心的素养之一**。

B3 初心

一棵大树，萌芽于一颗小小的种子；一个伟大的作品，往往也是从一个小小的念头开始的。

我的一个本子记录着我的一些人生感悟，其中一条，也是到目前为止我认为最重要的一条是：**出发点决定终点**。

怎么理解这句话呢？这句话的意思是，在做一件事情之前，我们需要清楚自己的出发点是什么，即为什么要做这件事情。这样做很重要，基本上决定了这件事情最后会做成什么样，能不能成功，以及可以达到怎样的高度。

做一件事情的初心正确，看清了做这件事情的意义，我们在前行的路上就会更有力量，也会得到更多的认可和帮助。

一个产品会有多大的价值，能够产生多大的影响，往往在我们决定做这个产品的那一刻就决定了。

下面我们来一起回顾一下几个著名的软件产品最初的开发理念是怎样的，或者说其初心是什么。

B3_1_WPS

1987 年，求伯君加入深圳四通公司。就在他以为自己可以大展拳脚的时候，现实给他泼了一盆冷水，他在四通公司没有得到展现才能的机会。幸运的是，香港金山公司总裁张旋龙意外发现了他的才能，决定招揽他加入自己的公司。

1988 年，求伯君加入香港金山公司，张旋龙答应了求伯君提出的开发一个软件系统的要求。求伯君的目标很明确，那就是做一张汉卡装字库，写一个字处理系统，使其能够取代 WordStar[①]。

说干就干，求伯君把自己关在深圳市南山区的一个小房间里，废寝忘食地写着，只要眼皮没打架，就一直写。这样做的结果是，系统没写完，身体先垮了。这样工作了两个月不到，他就被送进了医院。连续三次急性肝炎发作，医生强制要求他住院一个月，于是他就把计算机搬进了病房里继续写代码。

在 1 年 4 个月之后的 1989 年 9 月，求伯君终于写完了WPS 的 122 000 行代码，WPS1.0 横空出世！

B3_2_Foxmail

"开发 Foxmail 的冲动，最初源于一个程序员想通过开发一个好的软件，来证明自己的能力。"[②]

---

① 一款早期的文书处理器软件，由 MicroPro International 公司发行。

② 摘自《免费软件饿着肚子挥洒冲动》，作者魏然，发表于《人民日报》2000 年 3 月 26 日第四版。

张小龙开发 Foxmail，是不满足于现状的一种表现。用他的话来说："当你的付出与回报相差太大时，当你的才能被遏制时，你会选择全身心投入完成一件自己感兴趣的作品。"对张小龙来说，这个作品就是 Foxmail。

从 1996 年到 1997 年，他靠着因强烈兴趣产生的激情完成了 Foxmail 1.0 和 2.0 的开发。有时候，只是为了让程序的大小能够少几百个字节，他就要花上一整天时间。

在 Foxmail 3.0 出来后，这个程序对张小龙而言已经没有多少技术挑战了，他慢慢失去了激情。张小龙认为激情可以让人在初期把事情做得很好，而**持续把一件事情做成功，需要一个更关键的因素——团队**。

B3_3_ 微信

2010 年 10 月，一款名为 Kik 的 App 上线仅 15 天就收获了 100 万名用户。Kik 是一款基于手机通讯录实现免费短信聊天的软件。

张小龙注意到了 Kik 的快速崛起。一天晚上，他在看与

Kik 类似的软件时，产生了一个想法：移动互联网将来会有新的即时通信（Instant Messenger，IM），而这种新的IM 很可能会对 QQ 造成很大威胁。他想了一两小时后，给马化腾写了封邮件，建议腾讯在这个领域开发项目。马化腾很快回复了邮件，表示对这个建议的认同。张小龙随后向马化腾建议由广州研发部来承担这个项目的开发。

"反正是研究性的，没有人知道未来会怎么样，"张小龙回忆说，"整个过程的起点就是想了一两小时，突然搭错了一条神经，写了这封邮件，就开始了。"

张小龙还说："我当时给 Pony（马化腾）写了一封邮件说要做微信这个产品。现在想起来很后怕，如果写邮件那个晚上我出去打桌球了，可能就忘了这件事情，也就可能没有微信了。"

在谈到开发微信的初心时，张小龙认为"初心"不是那么容易找到的，因此他更愿意用"原动力"来代替"初心"。

张小龙是这样定义原动力的：原动力是你内心深处的认知或希望，它很强大，可以让你坚持很久，克服很多困难。

开发微信的原动力主要包含两点。

第一点，希望将微信做成一个好的、与时俱进的工具。

做工具本身就是很有挑战性、很难的，而微信开发团队设定了一个更高的目标：希望做出一个让自己满意的好工具。

微信有一个口号——微信是一个生活方式。微信做了一些大胆突破，这些突破并不是功能突破，而是生活方式突破或者潮流突破。例如，扫一扫支付、点餐，摇一摇加好友、识别歌曲等。

第二点，希望将微信做成一个能帮助创造者体现价值的工具。

微信成为工具的目的，是让创造者体现价值。做小程序、小游戏、公众号，都是在帮助那些真正创造价值的人，将他们的价值体现出来，并且让他们获得应有的回报。

B3_4_ 今日头条

有一次，张一鸣要订一张回家的火车票。那时候去火车站买票很难，也不知道网上什么时候会有二手票出现。于是他就花了 1 小时写了一个小程序，实时查看二手票的最新信息。张一鸣的工作是把他自己的需求用程序固化、存储下来，让小程序定时自动地帮他搜相关信息，一有结果就发短信通知他。在写完这个程序之后，他就出门了，结果刚出门半小时不到，他就收到了短信提示，然后他就直接去取票了。这个小程序给他提供的价值非常大，之后他就一直思考，如何更有效地发现信息。

这就是张一鸣最早发现人工智能（Artificial Intelligence，AI）算法执行内容分发的初心。

当时他看到了很多用户在使用手机看新闻时因受到广告干扰而感到困扰。于是，他决定自己开发一个能够有效过滤广告的新闻客户端。

2009 年，张一鸣开始接触移动领域，发现个性化信息内容在手机领域的需求更大。凭借着对移动领域的认识，张一鸣有了一个新的想法，也就是现在的"今日头条"。

一个成功的、有影响力的产品，不一定来自一个宏大的目标，反而可能来自一个极为单纯的念头——没有利益的羁绊，以纯净的初心，感知环境的变化，发现真实的用户需求，以最有效的方法解决问题，为用户创造价值，从而取得成功，甚至改变世界。

整理这些案例时，我还有一个意外发现：**好产品往往是"憋"出来的**。例如：

> 四通不给求伯君展现才能的机会，然后才有了求伯君一年写出 WPS；
>
> 张小龙想证明自己的能力，独自一人半夜写代码，开发出了 Foxmail；
>
> 在开发微信的初期，张小龙和他的团队铆足了劲狂奔。一个版本接一个版本地快速迭代，结果成就了微信的一骑绝尘！

如果你目前也无法施展才能，或许我可以恭喜你，成功可能正在不远处静悄悄地等着你。

B4　　　　　　　　　　　　　定位

B4_1_ 关于产品定位

产品定位就是你的产品在用户心中的认知。

正如我们所知道的，百度的定位是搜索，京东的定位是电商，腾讯的定位是社交。这就是它们在用户心中的认知。

如果把前文讨论的"初心"比作一颗种子，那么，当一颗优良的种子，落在贫瘠的甚至是错误的土壤里时，它发芽长大的概率就很低了。

因此，当我们得到一颗"种子"后，接下来要做的更重要的事情是思考把它"种在哪里"，这个问题从另一个方面决定了我们的产品最终能飞多高、走多远。

关于产品定位，在张小龙的一次题为《通过微信谈产品》的内部分享中，有这样的描述：

> "产品定位很重要，我们说很多时候产品经理做的是一个功能，而不是做一个定位。可以总结为：功能是做需求，定位是做心理诉求，也就是说定位是更底层的一些心理供给。"

艾·里斯和杰克·特劳特合著的《定位》一书写道：

> "产品本身并不是定位的对象，潜在顾客的心智才是定位的对象。也就是说，定位就是确立产品在潜在顾客心智中的位置。定位的最新定义是：如何在潜在顾客的心智中与众不同。"

如果说产品经理是一个舵手，产品定位就是航行的方向。明确的产品定位，一方面可以为产品指明方向，赋予产品使命，有助于团队凝聚团队力量，合力向前；另一方面，也有利于产品在用户的心智中留下清晰的印象，让用户更加乐于尝试和长期使用该产品，助力产品推广。

有时候，我们需要用一个句子甚至一个短语，来描述定位我们的产品，这个句子或短语越简洁、越清晰，效果越好。

就如《定位》一书所说的：你一定要"削尖"你的信息，使其能切入人的心智，你一定要抛弃含混不清、模棱两可的语词，要简化信息，如果想给人留下长久的印象，信息就要再简化些。

任何人都能运用定位在竞争中领先一步，但如果你不懂、不会使用定位，就无疑会把机会让给你的竞争者。

一个产品，是否有清晰明确的定位，并且定位是否能在用户的心中占据有利的位置，直接决定了产品在竞争中的成败。

B4_2_ 如何做好产品定位

无论是对做产品、做人，还是对领导一家企业来说，定位都是至关重要的问题。针对这个问题，前人进行了大量的研究探索和总结，我建议大家抽时间阅读相关图书从而进行系统性学习，从中可以看到启迪性案例，学到更全面、更深刻的理论、方法。

在本书中，我想通过我的亲身经历和思考，从以下几个我个人认为较为关键的方面，和大家介绍如何做好产品定位。无论你是否了解过其他关于产品定位的知识，从这几个方面来切入和思考，相信你都会有一定的收获。

- **了解行业**

这里说的了解不是粗浅了解，而是有深度的、系统性的了解，是对行业发展规律和底层逻辑的深层次了解，同时是对行业内的主要产品和参与者的充分认知。

打个比方，当你进入一间漆黑的屋子，要找一个适合自己的位置坐下时，我们首先要做什么？——是的，首先是开灯或者打开手电筒照亮屋子，看清楚适合自己的位置在哪里。

同样地，我们在做一个产品并思考产品定位之前，首先要做的就是全面、深入了解和研究该产品所在行业的情况，包括行业过往的历史、发展规律、现状、未来趋势，以及行业中的主要参与者及其所处的位置等。

当我们对行业情况和竞争对手的产品都一知半解时，草率地确定产品定位、推进项目，失败将是一个大概率事件。

这里还要重点强调一下，我们（包括我自己）常常对自己仍处于"一知半解"的状态不自知，等到看清事实的那一刻才幡然醒悟。

如何能够消除或者尽量改变"一知半解"的状态呢？

你最好在行业中有一定资历，并且在有一定影响力的公司里工作过。如果你没有这类经历，那么至少你的一些同伴要有。你必须清楚行业的现状与特点，才能感知行业的变化，预判未来的发展。

对于竞品，除了查看文档资料，了解竞品的特点，我强烈建议你深入使用竞品，通过实际应用真实体验竞品的功能与特点，通过横向对比判断不同竞品在行业中所处的位置。

我并不反对你通过行业相关的文章、调研报告、走访调查等途径了解行业和竞品，但是仅凭这些途径是不够的。通过这些途径得到的信息往往只是一个概况，难以让你获得深刻的体会和深层次的认知。一个团队中有熟悉该行业、该领域的资深专家，可以让团队少走很多弯路，甚至会直接提升产品取得成功的概率。

有一位朋友邀请我合作参与一个项目。这位朋友计划做一款注塑机控制器，在控制器硬件和商业模式方面，他已经做了一些探索和准备工作，目前比较欠缺的是软件开发方面的技术和人员。刚好我在这方面有一些经验，因此他极力邀请我加入。

听完朋友关于方案规划的详细介绍后，我给出了我的一些看法。

相对于做通用自动化行业的控制器，做注塑机控制器难度大很多，行业竞争极为激烈，留给新进者的机会不多。

这个行业市场容量很大，有足够的吸引力。如果决定要做的话，在人员配置、资金投入、产品定位、商业模式等方面都需要有清晰的规划。另外，我们还要有 5 ~ 10 年持续投入资金且不盈利的准备，小投入、快产出的模式在这个行业已经基本行不通了。

我写的文章《高端注塑机控制系统案例分析》讲述了最有影响力的几款高端注塑机控制系统的成败案例，它们成功或者失败的一个很关键的因素是本土技术服务团队是否有竞争力。在技术团队管理方面，我有十几年的经验，对此是比较有把握的。

注塑机控制器的硬件品质和成本固然重要，然而，更为关键的是软件，包括软件开发平台和应用软件的架构设计，这决定了产品在市场中是否具有竞争力，能否被客户认可并持续发展。因此，能否把软件做好以及如何把软件做好，是影响这个项目成败的关键因素。

面对一个规模大并且持续增长的行业，很多人都会动心。如果是在其他行业取得过成功的人，更会很自然地认为可以把成功经验复制过来。而现实则往往是，人在对行业情况没有全面且深入了解的时候，很容易做出片面的甚至是错误的决策，从而导致项目失败。

我们只有深入了解行业情况，准确把握行业的关键特点以及发展规律，才能在进行产品设计和战略规划时做出更为有效的决策，降低失败的概率。

* 洞察用户需求

所有的产品，最终都要服务于人。想清楚怎么做一个产品的一个重要前提，是把人（用户）了解清楚，从更深层次把握用户需求，做出打动用户，甚至超出用户预期的产品。

洞察用户的欲望和需求，我们才能通过产品去满足他们的欲望和需求。在做产品的时候，我们需要研究用户，而不只是研究产品的逻辑。

洞察用户需求是一件有难度的事情，需要持续学习、历练、思考和探索。以下是一些可能有助于提升洞察能力的方法。

1. 学习心理学和社会学知识，这些知识可以帮助我们理解人类行为和思维的基本原理。

2. 观察人们的言谈举止，尤其是人们在不同情境下的言谈举止，例如工作场所、社交场合、家庭生活等。

3. 与人交往并倾听他们的心声，了解他们的想法、感受和需求。

4. 反思自己的行为和思维，理解自己的内心世界和行为动机，从而更好地理解他人。

5. 阅读经典文学作品，尤其是那些描写人类情感的作品，例如莎士比亚的戏剧、陀思妥耶夫斯基的小说等。

6. 关注社会热点事件中的人物，了解他们的背景、动机和行为，从而更好地理解人类社会的运行规律。

同时，需要注意的是，个人与群体的差异是很大的，我们还需要学习和了解群体的行为特征，以及通过小范围的灰度测试来预判大范围推广可能产生的效应。

- **预判未来**

在产品设计和产品定位的过程中，预判同样是一个非常重要的能力。

预判并不是像小说里面的高人一样"掐指一算，未卜先知"，而是在深度了解行业、深刻洞察用户需求的基础上，通过理性分析和逻辑推演，把握事物的发展规律。

我们要做的是把握行业发展趋势，踩准关键节点，采用恰当的产品与战略规划，抢占有利位置，取得领先优势，最终达成战略目标。

后文将有对未来更详细的讲述。

B4_3_ 成功案例

读到这里，可能有读者会问："那我怎么来定位我的产品呢？"

这个问题其实没有标准答案，甚至产品最初的定位也可能要随着外部环境的变化而调整。而具备了前述三项能力，我们就有可

（刘嘉琪 绘）

能更好地确定我们产品的定位，并随着环境的变化做出合适的调整。

例如，我们想在一个自由选座位的电影放映厅里找一个最适合自己的座位，如果我们可以使用工具（例如手电筒或者夜视眼镜）看清楚所有座位的占用情况，同时，我们事先又非常了解每一个已经入座的观众，甚至我们还能够准确预判接下来放映厅内可能会发生的变化，那么，我们应该可以很快找到最适合自己的座位，甚至在坐稳适合自己的座位后，如果有需要，我们还可以"扩大战果"，发现更多、更好的座位。

这里我们以微信读书为例，看看它是如何进行产品定位的。

微信读书最早发布于 2015 年 8 月。当时的电子阅读市场竞争已经十分激烈，掌阅、QQ 阅读等阅读产品占据电子阅读的主要市场，但其内容以网络文学为主。微信读书以"让阅读不再孤单"为口号切入移动端阅读市场，通过社交网络高效便捷地解决用户"想利用碎片时间随便看点有意义的书，想知道哪些书值得看"的问题，随后在激烈的市场竞争中脱颖而出。

微信读书的第一个特点是社交化阅读，这一特点正是基于微信强大的社交属性实现的。在微信读书中，通过好友正在读、朋友的想法、小圈子、读书排行榜、查看微信好友的读书动态、与好友讨论正在阅读的书籍等功能促进了用户与好友、用户与陌生人之间的思想碰撞与交流，在加深彼此影响的同时也增强了用户黏性。

微信读书的第二个特点就是以已出版的书籍为主，内容相对严肃，专注深度阅读。其从偏好深度阅读的微信用户市场切入，在初期通过有吸引力的活动持续吸引用户，并成功地基于微信强大的关系链实现用户裂变，在短短 4 年内就收获上亿用户。随着这几年的迭代与更新，相较于初期，微信读书在内容上增加了网络小说、漫画及优质微信公众号，从而实现对不同层面用户的全覆盖。

从上面的内容可以看到，微信读书的定位非常清晰：通过与微信好友之间的互动，实现"让阅读不再孤单"；"以已出版的书籍为主，内容相对严肃，专注深度阅读"让阅读真正产生价值。

微信读书通过清晰的、差异化的定位，避开了与市场上原有的电子阅读产品的正面竞争，同时与时俱进，快速迭代，提供满足市场需求的功能。

我与很多人一样，常常处于忙碌的工作状态，回到家还要陪伴家人、处理家庭琐事，很难安静地坐下来看完一本书；另外，我在工作中的大部分时间都要面对计算机屏幕，用眼过度，看书有时候也是心有余而力不足。

于是，我向当时负责微信读书的老同事反映，应该在"听书"功能上加大投入力度。微信读书最初的版本，只为少部分书籍提供了真人播讲的听书版本，而 AI 朗读功能，发出的是无感情、硬邦邦的机械声音，常常出现停顿不当、多音字识别错误等问题，无法令人体验到小时候每天准时坐在收音机旁收听长篇小说连播的那种身临其境的感受。

从微信读书 2.0 开始，我明显感受到其听书功能有了大幅度提升。

第一，AI 朗读功能有了跨越式提高。其朗读的声音、语调乃至一句话里短语之间的微小停顿，都做到了接近真人朗读的效果，在有些书中，AI 朗读功能更是可以根据不同角色，模拟不同的音色，只是偶尔出现个别特殊的标点符号或者多音字识别不当的问题。虽然一些细节还有待提升，但其 AI 朗读功能已经能给人带来很好的听书感受了。

第二，有声书栏目在快速完善，为越来越多的书提供了精心制作的真人朗读版，甚至是声情并茂的剧场版。

随着微信读书功能的完善，我打开其他音频应用的次数也越来越少了，有的直接就从手机卸载了。

好的产品定位不仅有助于我们找到最适合自己的位置，为自己创造良好的生存和发展空间，还可以让我们在阵地巩固之后，根据实际情况和发展的需要，争取到更好的位置，提升地位，甚至在时机成熟的时候进一步扩大市场空间。

可见，初期准确清晰的定位可以让产品在激烈的竞争环境中获得生存和发育的土壤，得以生根发芽。而随着产品的完善和环境的变化，适时正确地调整产品定位，可以让产品获得更大的发展空间，形成更强的竞争优势。

正确的定位在一个产品的初创阶段尤其关键，正如《定位》一书给我们的这样一个提醒：

> "要想赢得心智之战，就不能和已经在顾客心智中牢牢占据强有力位置的企业正面交锋。你可以从各个方向迂回出击，但绝不要迎面而上。"

我们再看一个通过精准的定位，在激烈的竞争中脱颖而出的例子——理想汽车。

在知识讲座"李想·产品实战 16 讲"中,"定位"是讲座第一模块讨论的第一个主题。

理想汽车创始人李想首先提出:在规划产品定位的时候,我们特别容易有一种惯性,就是总想找一个更加大众的"市场定位",让用户群更大一点。但结果往往是,更大众的"市场定位"没有带来更多销量,反而让产品淹没在大量竞品中。

下面,我们一起来看看理想汽车是如何通过独到而精准的市场定位和产品定位,在激烈的市场竞争中脱颖而出的。

我们先来了解一些相关的背景。

在成立理想汽车之前,李想先后创立了泡泡网和汽车之家两个网站,在 IT 界和汽车界都有丰富的人生历练和创业经历。

2005 年,李想创建的汽车之家网站,凭借"只为汽车消费者服务"的定位以及"勤发文、快发稿、跑现场"的运作方式,于 2008 年,访问量超过所有汽车垂直类网站,成为行业第一。2013 年 12 月 11 日,李想带领汽车之家在美国纽约证券交易所成功上市。

2015 年，理想汽车刚成立的时候，传统车企在市场上依然非常强势。在各类车型、各个价格区间，传统车企都有对应的主力产品，牢牢地占据着市场的主导地位。同时，在智能电动车这个新领域，也有不少成熟的先行者，例如特斯拉、比亚迪。而且，差不多在同一时期，蔚来、小鹏等造车新势力也相继成立，市场竞争非常激烈。

没有汽车生产制造经验，没有雄厚的资金支持，刚成立的理想汽车是如何在激烈的竞争中生存下来，并成为第一家实现盈利的造车新势力的呢？清晰、准确的市场定位对理想汽车起到了至关重要的作用。他们是怎么做的呢？

- **寻找差异化定位**

公司成立之初，李想清晰地认识到，理想汽车必须找到一个差异化的定位，不能什么类型的车卖得最好就做什么车，那根本没有胜算。

怎么找到这个差异化的定位呢？

传统车企定位汽车时，一般会按照价格，将汽车分为入门级、中级、高级；或者按照车型，将汽车分为轿车、运动型多用途汽车（Sport/Suburban Utility Vehicle，SUV）、多用途汽车（Multi-Purpose Vehicles，MPV）等。

还有些汽车品牌会给汽车贴上特定的标签，例如，"年轻人的第一辆车"等。

寻找定位的时候，理想汽车并没有受制于传统的思维方式，除了价格，他们想：还能增加什么维度？怎样跳出单一指标进行更为深入、更有价值的思考？

最终，他们找到了另一个维度：用户的人生阶段。一个人从开始工作，到成家立业，再到生儿育女，赡养老人，在不同的人生阶段，他其实需要不同的车来帮助自己完成不一样的人生任务。

例如，刚开始工作的年轻人买车的目的一般是通勤代步，10 万元左右的紧凑型轿车就能满足他的用车需求；而等到他成家立业之后，尤其是有了孩子之后，需要接送孩子上学、放学，需要一家人一起出行，就需要换更大的车；如果他事业有成，经常需要在商务场合用车，用车需求就又不一样了。

最后，经过细致分析，他们确定了专门服务家庭，尤其是"有孩子的家庭"这个定位。

从本质上来说,这个定位的产生,很大程度上基于李想和他的创业团队对行业的认知、对用户的了解。

- **高速增长的市场**

找到差异化的定位后,还必须确认这个定位是否对应一个高速增长的市场,产品在一个负增长的市场中很难取得成功,对行业的后来者来说,更是如此。

从目前的数据来看,15 万元以下的通勤代步车卖得最多,市场空间看起来是最大的,很多新造车企业都会切入这个市场。

但是,这个市场存在两个问题。

第一,太多车企涌入,就代表着竞争异常激烈、同质化严重,新车企想要脱颖而出也就更难。

第二,这个市场其实在逐渐萎缩。

为什么会这样呢?最主要的一个原因是,15 万元以下的车,很大一部分都是年轻人在买。但是目前的购车环境,对他们来说,其实是困难的。

比如公司里的停车位,一般都是优先给高管和更资深的员工。没有方便的停车位,年轻人想开车通勤,要付出更多的金钱或者时间成本。因此,对他们来讲,出行最好的选择,其实是网约车或者共享汽车。

但是,当这些年轻人再长大一点,成了家,尤其有了孩子以后,情况就变了,买车就成了刚需。因为,无论是早上送孩子上学,还是晚上接孩子放学,都是用车出行的高峰期,是打网约车最难的时候。

还有周末想带着一家老小到周边去玩,这也是网约车不能很好满足的需求。另外,如果孩子凌晨两三点生病了,打车打不到,父母该多着急。因此,这个时候,家里有车当然就是更好的选择。

而且,这个时候买车,家庭能拿出的预算也更多,不会买 15 万元以下的紧凑车型,而是会直接买 20 万元以上,甚至 30 万元以上的车。在这个价格区间中,大型 SUV 又会因为空间大、配置丰富成为首选。

这就是理想汽车第一款车型理想 ONE 选择做中大型 SUV 的主要原因。

因此，在判断市场空间的时候，不要只看细分市场的规模，更要看到趋势的变化，优先去找正在上升的细分市场远比找到目前规模最大的细分市场更加重要。

- **需求没有被满足**

不管如何进行产品定位和创新，我们都已经很难找到一个空白的市场了，也就是说，我们要做的产品，可能早就已经有人在做了，那么我们怎样才能取得竞争优势呢？

我们必须考虑一个要素，那就是在市场上，用户的需求有没有被充分满足。如果竞争对手的产品已经能很好地满足用户的需求了，那我们再来做类似的产品就会陷入苦战。

能否找到用户没有被很好地满足的需求，甚至"创造用户需求"，经典案例如苹果的 iPhone，非常考验一个团队对用户的理解程度、判断能力，以及做产品的核心能力。

分析发现，传统车企在制造中大型 SUV 的时候，更多地关注两类人的需求，一类是前排的驾驶员，一类是坐在第二排的重要人物。其他位置上的人的体验似乎不那么重要，尤其是第三排座位，在很多车型中都是鸡肋般的存在。

然而，切换到家庭用车的场景中，车上的每个人都是我们最重要的家人，对我们来说，安排谁坐到第三排座位可能都是一个尴尬而困难的决定。因此，在如何让每个座位上的家人都得到同等的尊重，尽可能满足每个家人的需求这个问题上，就出现了非常大的产品创新空间。

理想 ONE 将中大型 SUV 中常见的七座设计改为六座设计，第二排中间留出通道，方便坐第三排座位的人进出，同时第三排的人还可以把腿伸到第二排的通道里，舒适度更高，前排没有遮挡，第三排的视野也更加宽敞。

尤为重要的是，轻松的旅途，是车内一家人交流互动、增进亲子关系的美好时光。六座设计，消除了第三排座位与前两排座位的割裂感，坐在第三排的孩子或者其他家人也能够与坐在前排的家人进行很好的交流互动，大幅度增强了汽车作为移动之家的情感体验。

此外，理想汽车团队坚持"关注用户价值，超越用户需求"，细致、深入地挖掘各种以用户为本的设计方案，通过产品体验触达用户，通过口碑传播赢得市场。

清晰、准确的市场定位是理想汽车在激烈竞争中后来者居上、冲入造车新势力头部企业的关键因素。

产品观

技能篇

B5   用户

做产品要去了解用户，了解用户的想法，了解用户的需求。

B5_1_ 用户的特点

只要用户是人，那么用户大概率就会出现以下情况。

* 懒惰。
* 有时没有耐心。
* 偶尔不爱学习。

懒惰催生了很多发明。很多产品或功能的出现就是为了弥补人的懒惰、提升效率和带来便利。

很少有用户有耐心仔细看完产品说明书,因此你尽量不要尝试引导、教育用户,没有人愿意接受你的引导和教育。用户拿过来就会用并喜欢上的产品才是最好的。

我们要强调产品的简单易用,较低的学习成本对用户的使用和产品传播来说是有益的,但并不是说任何产品都不需要引导和教育,比如对于复杂的工具类产品,如果没有引导和教育,一般用户很难体会到产品的价值。

大部分人都喜欢即时反馈的东西。因此,大部分人的大脑也就成为他人观点的跑马场,少部分人生产内容,大部分人消费和传播内容。

人性化就是以己推人,也就是在理解人类最普遍的心理的同时代入自己的感觉,毕竟产品经理也是人,也会懒惰,也不喜欢学习成本高的产品。

B5_2_ 如何真正了解用户

为了了解用户，我们通常会通过多种方式与不同的用户群体进行沟通，从而了解用户需求和用户心理。另外，我们也会进行数据分析，通过对产品数据的分析，了解用户的喜好与属性；通过问卷调研，对用户数据进行量化分析，了解用户特点。

这些方法可以增加我们对用户个体以及用户群体特征的了解。但是，由于存在用户的表达与其内心想法的偏差、数据样本与真实用户群体偏差、数据分析方法偏差等因素的影响，我们未必能够真正了解用户。

我之前有一段并不成功的创业经历，事后对失败的原因进行了较为深刻的复盘，发现一个至关重要的原因就是初期产品定位存在严重偏差，而导致这个偏差的原因则在于我们没有真正了解客户。

当时我们正在开辟一个新技术赛道。经过调研，很多客户对我们的技术和产品都很感兴趣，有很强烈的合作意向。

在初期阶段，产品的销售和推广都相当顺利，业内有名的风险投资公司也要投资我们。

然而，当我们与几家客户合作之后，渐渐发现销售推广的阻力越来越大，即使我们倾尽全力做好产品和服务，客户的复购意愿也不高。我们的产品面向的是设备生产厂家，部分客户确实在市场开拓上遇到困难，但随着合作的深入，我们渐渐发现更多的客户希望把产品的主导权掌握在他们自己的手上。

我们原来认为客户愿意基于我们的技术方案，通过采购我们的核心模块，双方共同开拓市场；而实际上，客户在成本、技术甚至市场都不太可控的情况下，是不可能全力投入开拓市场的。他们更希望通过合作，掌握更多的技术和经验，为应对后续的发展和竞争打下基础。他们更多的是将与我们的合作看作一个短期的项目计划。

我们只有站在用户的角度，真正了解用户内心的诉求，才有可能做出真正满足用户需求、获得商业成功的产品。

怎样才能真正了解用户呢？以下两个方法或许有助于我们更好地了解用户："客观地观察用户"和"站在用户的立场思考"。

客观地观察用户是在不打扰用户、不影响用户行为的情况下，以旁观者的视角观察用户的行为。行为最能够代表用户内心的真实想法，用户言语上表达的观点则未必能够代表其真实的想法。我们需要观察用户正在做什么，思考他们的行为代表他们有怎样的需求，从而更好地理解用户的动机和期望。

站在用户的立场思考则是把自己当作用户来进行思考和决策，厘清不同的路径选择可能对用户的切身利益造成的影响，做到与用户感同身受；通过视角转换将自己放在普通用户的场景中，去体验产品的各项功能，从而体验用户的反应和心理感受，了解用户的真实需求。

站在用户的立场思考比客观地观察用户更重要一些，我们应该花更多的时间和用户在一起，参与用户的日常生活，甚至让自己变为真正的用户。

B5_3_ 我们与用户应该是平等的

我们与用户应该是平等的。我们不要把用户幼稚化，更不要试图"挑战"用户的智商，**要把用户当作平等的朋友来沟通。**

首先，产品设计人员和产品文案编辑都需要明白，我们和用户之间的关系是平等的。

我们做的不是诈骗软件，我们也不是在向用户乞讨，我们不需要去讨好用户；同时，我们的软件满足了用户的需求，给用户带来了价值，但这也不是我们对用户的施舍，因为用户已经付费购买了我们的软件。即便我们将软件免费提供给用户使用，用户愿意使用我们的产品，这也是给我们的回报，毕竟如果我们不提供这样的产品，用户大概率也可以找到其他替代产品。

其次，我们需要制定明确的规则，保证团队成员在产品设计和文案编写时，有一致的准则。

文案常常被设计人员忽视。其实对一个产品来说，文案也是很重要的。产品中的文案是我们对用户说的话，反映了我们的气质，例如文案清晰易懂，能够表明我们是有逻辑、头脑清晰的人。在文案中应使用正确的称呼和语气，不讨好用户，不抬高自己，把用户当朋友。

例如，在微信的文案规则中，禁止使用"您"，而应使用"你"。还有下面这些规则可以参考。

* 不用"吧"（"立即注册吧"）。
* 不用"哦"（"网速很慢哦"）。
* 不用勉强用户的句式（"还不邀请朋友"）。

最后，我们说说"挑战"用户的智商。

在正常情况下，产品设计人员不会特意去挑战用户智商，但是，挑战用户智商的产品设计却时有出现。我梳理了一下，在以下一些情况中，这个问题有可能出现。

1. **颠覆式设计：** 因为产品彻底颠覆了过去的实现方式和交互方法，用户无法沿用原来的使用习惯，在使用初期需要一定的学习成本，所以如果产品经理没有做好提示和引导，或者在设计上存在小疏忽，就可能会给大量用户造成困惑。

2. **追求个性：** 部分产品经理为了凸显产品的个性，设计产品时会不走寻常路，导致用户无法按照一般的操作方式使用产品，从而不得不寻求支持。

3. **技术受限：** 在设计某些功能时，因为受限于平台或者设备技术，所以有些产品经理不得不采取一些折中的设计方案，这可能会影响用户的使用体验并提高使用门槛。

4. **被利益绑架：** 为了获得更高的收益，有时产品经理在设计产品时，会采用"心怀不轨"的交互设计，诱导用户选择服务提供商期待用户选择的操作选项。

我们把功能手机换成智能手机，然后又将只有一个或少数几个按钮的智能手机升级为全面屏且没有按钮的智能手机。如果我们没有进行深刻的设计思考，不能帮助用户平滑地切换操作模式，那么，可能每一次的创新都会因学习成本过高，过于"挑战"用户的智商而无法取得成功。

当我第一次使用一台全面屏设计的智能手机时，它贴心地播放了屏幕常用操作的演示动画，内容简单且实用，上手快速，使用起来比按键操作更为方便，我立刻就喜欢上了新的操作模式。

而一个与过往的常规操作不一样的、全新的产品突然被摆到用户面前，如果没有指引，用户可能会不知所措，连最基本的操作都无法完成。

有一次，客户在向我咨询产品的使用问题时，发来一张控制器操作画面的截图，他问：表格里有"M1'""M1-M1'""M2""M2'"，为什么没有"M1"呢？截图如图 B-1 所示。

	X坐标 [ms]	注射速度 [mm/s] ▼	注射压力 [Mpa] ▼	螺杆位置 [mm] ▼	注射速度设定 [mm/s] ▼
M1'	5377	79.74	0.30	79.68	80.00
M1-M1'	0	0.53	0.00	-0.32	0.00
M2	5377	0.00	0.30	79.36	0.00
M2'	5377	0.00	0.30	79.36	0.00

图 B-1 控制器操作画面的截图

我当时刚接触这个产品不久，一下被问住了，于是在公司内部设备上查看该操作画面，发现是有"M1"这一行的，如图 B-2 所示，但是表格其他行内容与如图 B-1 所示不太一样，难道是版本不一致吗？还是有什么问题？我也相当疑惑。

	X坐标 [ms]	注射速度 [mm/s] ▼	注射压力 [Mpa] ▼	螺杆位置 [mm] ▼	注射速度设定 [mm/s] ▼
M1	5377	80.27	0.30	79.36	80.00
M1'	5377	79.74	0.30	79.68	80.00
M1-M1'	0	0.53	0.00	-0.32	0.00
M2	5377	0.00	0.30	79.36	0.00

图 B-2 公司内部设备上的操作画面

咨询有经验的同事后，我才知道，原来这是个"创新"的设计。

操作画面中的表格只显示了四行内容，而表格内容一共有九行，需要上下滚动才能显示出来，然而这个表格没有提供常规的垂直滚动条（可能是希望获得更多的数据显示空间，或者出于其他原因的考虑）。于是，为了实现表格内容上下滚动的操作，设计者提供了一个创新的操作设计：用一根手指从表格中向上滑动到表格上方的标题栏处，表格内容就会向下滚动（相当于向上拖动滚动条滑块）；从表格中向下滑动到表格下方工具栏（相当于向下拖动滚动条滑块），表格内容就会向上滚动，从而实现类似垂直滚动条的操作效果，用户就可以查看表格完整的内容了。

为了避免用户陷入一头雾水的状态，我们应该优先采用标准的、大家都熟悉的设计，如果创新的设计可以带来足够多的好处，那么，我们需要提供清晰的指引，让用户顺畅地过渡到使用新的设计，同时获得更好的体验。

"挑战"用户的智商还有更严重的情形，下面是我的一段亲身经历。

有一次，我在整理机票准备报销时，发现机票价格和我的付款金额不符，于是打客服电话询问。客服说我购买了"贵宾厅服务"。

我当时还不知道什么是"贵宾厅服务"，肯定不会主动去买，况且这也不符合我们公司倡导的经济节约原则。于是我据理力争："我订票时，从头到尾都没有选择过这个服务，也没有享受过这个服务！"并强烈要求退款。最后，客服同意了把多收的钱退回来，事情也就过去了。

后来再次用手机买机票时，我才发现，原来最后一步的支付页面是这样子的（见图 B-3）。

图 B-3　支付页面 1

在我的认知中，正常的支付页面设计通常是如图 B-4 所示这样的，付款订单如果有附加选项，会通过带有清晰文字说明的复选框提供给用户，并且默认为不选中。付款前，用户更改选项，随即可以看到结算金额的变化。

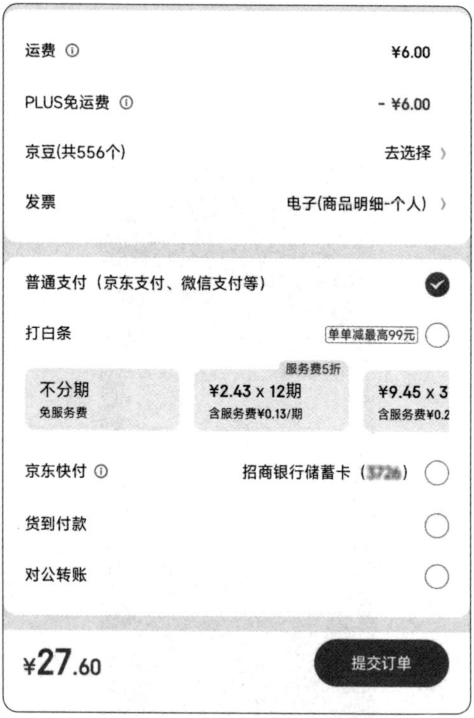

图 B-4　支付页面 2

那次买机票时，我看到绿色的"继续支付"按键，就条件反射地按下去付款了。这次留神细看才发现，醒目的绿色按键上，在大大的"继续支付"前面，还有小小的"+￥68/人"，而"暂不需要"按键，则设计为最不显眼的灰色。这种灰色的按键，在其他软件上，通常代表的是无效按键，即不可操作。

这个设计确实震惊到我了，作为一名有20多年软件设计经验的程序员，我不禁为设计这个界面的兄弟捏了把汗。如果他是一名接受过正规设计思维训练，有常规设计理念的设计人员，那他需要承受多大的压力，反抗过多少次这种无理的设计要求之后，才能完成这个"惊人"的设计啊？

说得严重点，这已经不是在挑战用户智商了，而是在忽悠用户，在侮辱用户智商了！

真正成功的产品，一定不是以赚钱为第一目标的。赚钱要走正道，这种愚弄用户的产品设计，最终一定会被用户和市场唾弃。然而，很遗憾的是，到目前为止，类似这样的事情还在继续上演着。不过，我非常笃定地认为，以这种思维方式和价值取向做出的产品，一定不会获得用户的赞赏。

B6　　　　　　　　　　　　　　　　　　需求

我们常常会问自己，用户需求是什么？用户有什么痛点？

用户需求就是用户的目标，即"用户想得到什么样的结果"。在以用户的目标为导向的产品设计中，中间过程越少越好，协助用户得到他想要的结果是第一位的。

最常见的产品失败的原因，往往不是技术落后，而是在一切开始之前，没有人去想清楚用户需求，没有人给出一个清晰、明确的产品目标。

因此，在战略层面首先应该明确用户需求和产品目标。

只有产品目标明确，大家才能齐心协力。产品目标不能只存在于一小群人的脑海中，产品目标表达不出来，不同的人就会有不同的想法。

B6_1_ 需求的来源

我们来看以下两个例子。

例子一

记者问：你们在推出新产品之前是做了很多用户调研吗？还是通过一些别的方式来知道应该做什么产品？

乔布斯说：我们不需要去做调研，我们也不需要去看统计数据，我们知道用户心里面需要什么样的东西。

解析一下，这个"知道"并不是让你去问 1 万名用户，而是你对于人的洞察，或者是对人内心的一些渴望的洞察。

例子二

张小龙断言：对于新点子，在 99% 的情况下把它否定掉总是对的。

他还提醒："不要随便臆想需求，臆想需求会引发风险。"

张小龙还给出一个观点： 不要听从产品经理个人的需求。他的意思大体是，一方面，产品经理有种自负心态，觉得自己更懂大众心理和用户需求，认为自己更有发言权；另一方面，产品经理经过训练，会更加理性，这种理性不能代表用户发自内心的想法。

然而，张小龙又提出"我们没有办法理解那么多用户的个性化需求，**只能从自身的理解来想象**"，并且举了不做微信消息"已读"功能的例子。

"从自身的理解来想象" 就很考验产品经理的能力了，他们需要经过足够多的历练和自我修行才能有所成。

以上两个例子提到的做法和观点，都非常值得我们深入思考和品味。在实际场景中，真正有价值的需求少之又少，需求膨胀或者存在需求泡沫是事实，在其中筛选真正的需求需要下一番苦功夫。

需求不来自调研，不来自分析，不来自讨论，不来自竞争对手。需求只来自你对用户的了解。

在智能手机出现之前，对大多数人来说，手机可以打电话、发短信、偶尔看看新闻就足够了。

对高级商业人士来说，除了手机，他们可能还会配置一台 Palm 或者商务通这样的掌上计算机（Personal Digital Assistant，PDA）；移动办公时主要还是依靠笔记本电脑。

第一代 iPhone 的研发项目始于 2004 年，当时苹果公司的首席执行官（CEO）乔布斯最初的想法是开发一款类似于 iPad 的平板电脑，但后来他改变了主意。

在当时，手机市场已经被诺基亚、摩托罗拉等品牌主导，而这些品牌的手机的操作系统、应用软件、硬件配置都相对简单。乔布斯坚信，用户需要一款革命性的手机产品。因此，他设计了一款集电话、音乐播放器和互联网终端于一体的多功能设备。

乔布斯以其个人超凡的洞察力和创造力，基于对用户需求的深层次理解，设计出划时代的产品，开创性地带领人类从 PC 互联网时代进入移动互联网时代。

B6_2_ 需求的辨识

"用户提出了需求，但是这个需求不一定是对的。用户要什么就给什么，这是不对的，否则，就不需要产品经理去辨识用户需求了。直接找一个客服人员，他能够接收并记录用户需求就可以了。"

我想表达的是，如果我们有针对性地满足一部分人的需求，那么我们可能得到了这部分用户，却失去了另外一部分用户。

微信消息的"已读"功能绝对是一个强需求，但它是不是每个人，或者一个人在任何情况下都希望有的功能？这个问题值得认真思考。

因此不满足用户的一些需求也是一种态度。这其实非常考验产品经理的水平，因为我们满足需求很容易，但是怎么找到理由拒绝满足需求则非常难。

后文中的"分类"和"抽象",都是对用户需求进行归纳、提炼,寻找最优解决方案的方法。

B6_3_ 避免以战略行为代替实际需求

公司战略是企业为达到长期目标而建立的计划和构想。它是企业实施战略行为的基础,主要包括实施战略、分配资源、识别何种行为是不可接受的,也通常包括一些联盟和其他辅助行为。

为了制定有效的公司战略,企业要在宏观层面从行业环境、对手实力、自身优势、未来趋势等方面进行全面分析,这样企业才能明确战略方向,在市场中占据有利位置,并在竞争中保持领先优势。

公司战略的制定必然会影响与公司产品有关的决策。当产品需求的来源和定义与战略目标不一致时,就有可能出现以战略代替实际需求的情况。

张小龙在《微信背后的产品观》一书中提到:

> 我们常说把什么跟什么"打通"就好了,比如我们把什么

跟什么"整合"就好了，我们要多做"拉动""导入""导出""导流量"，要"多平台"、要"全面"等。

我一直很回避这样的方法，因为我知道这些方法会产生什么副作用。比如一些多合一的产品，来多几次就知道多合一的都是不好的，如果是好的产品，是不需要打包销售的。之所以说这些方法在通常情况下都不好，是因为它不是来自用户的需求层面，而是为了数据层面，或者是想象中的结果。

如果几个产品需要整合，那可能是因为这些产品都遇到了麻烦，不如不做。因为 50 分的产品合起来会低于 50 分，而不会高于 50 分，这样做并不会让产品变得更优秀。

再比如"多平台"也未必就是好的，我们不能为了平台而平台；而"全面"的东西必然是平庸的。

可见，战略行为不一定来自需求层面，也可能来自战略任务，而战略任务可能在任何一个时代都成立，但是在具体的真实场景下不一定成立。因此，我们会看到尽管很多大公司的战略很厉害，但最终它们还是走向了失败。

微信团队有一个理论：**不要从战略和技术出发做产品。**

而国内某些巨头就经常干这种事，而且他们一旦从战略高度做产品，那么这个产品大概率就会失败。

一个企业之所以会从战略高度做产品，一定是因为已经恐慌了、着急了。这时企业团队不会非常纯粹、有耐心地去做产品，他们会忽略产品的发展规律，只想："已经投入这么多了，用户怎么还没有增加？"他们的耐心会变少，可能这款产品即将成功，他们却非要拔苗助长，最后活生生把它做失败了。

这个世界上没有万能的团队和万能的产品经理。

微信团队最突出的优点，是在做产品的时候没有太多的杂念，因为没有杂念，所以最后获得了巨大的成功。

公司战略固然重要，但是当落实到产品时，不能因战略需要而脱离用户实际需求以及软件产品的客观成长规律。

保持初心，坚持"正"的产品观，站得更高一点，想得更远一点，会得到虽晚却大的回报。

B7   产品设计

设计界公认的德国工业设计之父迪特·拉姆斯（Dieter Rams）提出的设计理念"少，但是更好"，与建筑大师路德维希·密斯·凡德罗（Ludwig Mies Van der Rohe）提出的"少即是多"，共同奠定了德国现代设计的走向，引爆了影响全球设计界长达半个多世纪的极简主义思潮。

拉姆斯提出，好的设计应具备十项原则，这十项原则也成为现代工业设计领域的美学标准，是在工业设计师和产品设计师间教科书般的存在。

1. 创新

优秀的设计应该是创新的。创新的可能性是永远存在并且不会消耗殆尽的。科技日新月异的发展会不断为创新设计提供崭新的机会，同时创新设计总会伴随着科技的进步向前发展，永远没有终点。

2. 实用

优秀的设计让产品更加实用。产品是要使用的，至少要满足某些基本标准，这一点不仅体现在功能上，也要体现在用户的购买心理和产品的审美上。好的设计强调产品的实用性，同时忽略任何可能减损实用性的方面。

3. 美观

优秀的设计是美观的。产品的美感是实用性不可或缺的一部分，我们每天使用的产品无时无刻不在影响我们和我们的生活。并且，只有精湛的产品才可能是美的。

4. 容易理解

优秀的设计让产品结构清晰明了。更重要的是它能让产品自己说话。最好是一切能够不言自明。

5. 内敛低调

优秀的设计是内敛低调的。产品要像工具一样能够帮助使用者达成某种目的，它们既不是装饰物也不是艺术品。产品应该是中立且克制的，为用户的自我表达留出空间。

6. 诚实

优秀的设计是诚实的。它不会使产品比实际情况更具创新性、功能更强大或更有价值。它不会试图用无法兑现的承诺来操纵消费者。

7. 经久不衰

优秀的设计经得起岁月的考验，它使产品避免成为短暂的时尚，使产品看上去永远不会过时。和时尚设计不同的是，优秀的设计会使产品被人们接受并使用很多年。

8. 关注细节

优秀的设计考虑周到并且不放过每个细节，对待任何细节都不敷衍了事或怀有侥幸心理。设计过程中的谨慎和准确是对消费者的一种尊重。

9. 保护环境

优秀的设计要为保护环境做出贡献。它不会浪费资源，并在产品的整个生命周期内最大限度地减少了物理和视觉上的污染。

10. 尽可能少的设计

优秀的设计是更少，但更好的。它专注于产品的基本方面，剔除了不必要的东西。让产品回归简单。

这十大原则虽然源自工业产品设计，但同样适用于软件和其他领域产品的设计。这些原则为设计师提供了指导方针，帮助他们创造出优秀的设计作品，以满足人们的需求和期望。

正如乔布斯认为的那样：我们设计的是作品，而不是产品，作品渴望完美，作品会打败功利的产品。

产品设计者，更应该是一名工匠，而不是设计师。我们在处理每个细节时都是在创造，它包含了我们的看法、思路、实现方法的选择。

不空谈设计，不以善小而不为，每个细节都会影响产品成败，即使是界面上一个字的改进，也可以带来很大的便利。

在进行软件产品设计时，我们需要兼顾产品的不同方面，包括实用性、功能性、交互、用户界面等。我们可以按照以下优先级进行考虑。

* **实用高于功能：** 产品必须能够很好地满足用户实际需要，否则功能再多、再强大，都没有意义。

* **功能高于交互：** 明确的功能满足明确的需求，用户不会在意炫酷的交互效果。

* **交互高于用户界面：** 以便捷、快速的交互设计为先，围绕具体功能实现 UI，而非为优质的 UI 方案专门设计一个功能。

* **保持主干清晰，支干适度：** 产品主要功能架构是产品的主干，它应该尽量简单、明了，不可以轻易变更，否则会让用户无所适从。产品次要功能丰富主干，不可以喧宾夺主，尽量隐藏起来，不要出现在一级页面。

按照以上优先级考虑，更有利于我们设计出实用性强、功能明确、界面简洁、易于使用、结构清晰的软件产品。

接下来，我们再来介绍软件产品设计中最经常用到的两个方法：分类和抽象。

B7_1_ 分类

明确了功能需求后，接下来一个很重要的工作是对功能需求进行分类：对不同的功能需求进行分类整理，并通过几个大的功能模块来展现，大功能模块下有层次地组织相关的子功能。

分类是产品经理在确定产品主要功能构架之后，首先应该为用户做的事情。

分类虽然对于降低产品的使用难度没有帮助，但是可以帮助用户认知产品和周围的世界。

分类是人类大脑的识别模式。

分类是化繁为简的方法之一。

甚至可以说："设计就是分类。"我们发现在做产品的时候，产品做得不好的原因往往是分类做得不好。对用户来说，只有分类做得好，产品才显得亲切易懂，才显得结构清晰。

我们都遇到过，使用一个软件产品时，明明知道软件里有某个功能，但就是找不到它的操作按键或者选项的情况。这往往就是软件的功能分类做得不够好导致的。

我们做某个产品时，需要和 UED 部门一起重新设计产品的人机界面，其中一个最基本的工作，就是对功能进行更合理的分类，让用户可以更直观、更容易地找到所需的功能和参数。例如，主导航栏，可以让用户随时知道当前所处位置，并且可以快速切换到其他栏目；与一个设备相关的所有功能设置，可以在同一个页面上轻松获得；执行或者调试某一功能，无须在多个页面中来回切换等。

至于更现代的界面风格、更美观的图标设计，这些不能说不重要，但相对来说，属于锦上添花。

B7_2_ 抽象

从许多事物中舍弃个别的、非本质的属性，提取出公共的、本质的属性，叫抽象。

"抽象"这种方法，相信熟悉面向对象编程（Object-Oriented Programming，OOP）的朋友会更容易理解一些。有个建议，无论你从事的是什么工作，都不妨去学一下怎么写程序，了解怎么用 OOP 的思维来进行设计。不是说你真的要去做软件开发工作，而是希望你可以了解一下面向对象的思路。写程序锻炼出来的意识对工作是十分有益的，以至于我遇到任何事情都会想，**是否抽象到"足够抽象"的状态，如果没有抽象到这种状态，事情就会变得很复杂，甚至失控。**

如果我们有一百个需求，而我们能把这一百个需求汇总成十个需求，进而派生出一百个需求，那么我们就做了一个很好的"抽象"。如果我们能够将一百个需求汇总成一个需求就更好了。一个需求代表所有需求，这需要我们去抓所有需求"共性"的部分来处理，而其他需求只是一些"颗粒"。

抽象思维是人类的一种高级思维活动。我们从小就生活在一个具体（具象）的世界中，看到的每个人、每棵树、每辆车都是具体的，我们自然而然地形成了具象思维习惯。

因此，从某个角度来说，抽象思维是"不自然"的，而抽象思维又是必不可少的。

抽象思维是形成概念的必要手段，它可以让我们在具象事物的基础上，通过对相同概念、特征、行为等进行概括、提炼，形成更高层次的通用概念。

抽象思维能力和我们的大多数能力一样，不是与生俱来的。良好的抽象思维能力需要通过系统性的学习和刻意训练，并在实际项目中反复实践才能得到提升。只有具有优秀的抽象思维和设计能力，并在实际工作中灵活运用，我们才能做出优雅的设计，产出优秀的作品。

抽象方能化繁为简。

在工控行业，进行控制程序设计时，我们需要从具体的设备、具体的动作、具体的输入/输出点中抽离出来，从更高层次（一个虚构的层面）思考共性的逻辑代码和数据结构设计，让所做设计不与任何实体对象关联；设计完成后，在程序运行时，通过实例化、指针、映射等方式，把不同的实例与不同的实体对象关联起来，从而实现不同实例对不同实体设备的控制。

例如，当我们要控制一台电机时，就要写一个程序；当我们要控制两台电机时，就要再写一个程序，以此类推，情况如图 B-5 所示。

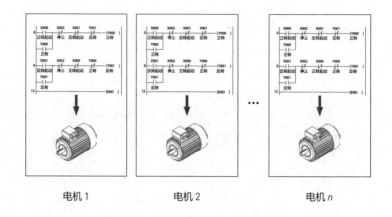

图 B-5　用具象思维设计的电机控制程序

想一想，我们就知道这不是一个好的解决办法。这是典型的"具象思维方式"。

抽象设计，就是在不同的个体中抽象出它们的共性，在设计过程中，使所设计事物的特征（属性）、方法（逻辑函数）、输入输出信号等不受具体事物的束缚，从而从更高的层次，一次性解决共性问题。例如，用抽象思维设计的电机控制程序（见图 B-6）。

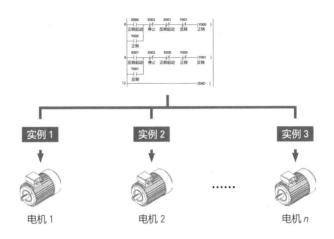

图 B-6　用抽象思维设计的电机控制程序

我们只需要编写一个程序，就可以分别、独立控制多个电机。此时代码编写的工作量和维护难度不会随着电机数量的增加而增加。

使用抽象思维，我们可以写出简捷、优雅的程序。

抽象方能洞察本质。

抽象思维超越了对具体、表面现象的感知和描述，深入事物内在的结构、规律和共性之中。

抽象思维能摒弃事物的具体形态、偶然属性以及与环境相关联的非本质特征，集中关注那些不变的、普遍的要素。抽象思维将一类事物的共同特性提炼成概念，这些概念揭示了事物的核心内涵和相互关系。

在科学研究中，科学家运用抽象方法解析复杂的自然现象，提出理论模型，从而把握自然界的基本定律和法则，这些都是事物本质的体现。

因此，抽象思维不仅是人类认知发展的高级阶段，也是探索世界奥秘、把握事物核心本质的关键途径。

要做出好产品，同样需要很好的抽象思维和洞察能力。

曾经有人问张小龙：如果未来有一款产品打败微信，你觉得这会是一款什么样的产品？

在一次公开演讲中，张小龙说：我们真的很少思考竞争对手这回事。微信也没有竞争对手，不必老是给我们安上各种竞争对手。如果有竞争对手，就是我们自己，是我们的组织能力能不能跟上时代的变化。

从技术角度来看，微信其实是一个"容器"，在它的主体架构下，可以什么功能都没有，同时，也可以根据需要，添加几乎任何功能。

在我们实际的使用中，也会感受到微信的功能是很自由的。不管是朋友圈、小程序还是视频号等，新功能的增加既不会影响原有功能的使用，也不会让软件变得臃肿，如果你不喜欢，可以选择关闭这些功能。在必要情况下，官方还可以统一移除某项功能，而不会对其他功能造成任何影响，例如曾经的"漂流瓶""摇一摇"功能。

微信的诞生，可以认为是一个偶然，但是，市场最终选择了微信，而不是其他产品，在很大程度上来说，则是一个必然。不只是在技术上，微信还通过运用分类、抽象等方法，把产品做到了极致，同时还基于对人性和需求的洞察，以善良而友好的方式予以满足。

或者，正是基于这种对技术与产品的极致把控，对人性与社会的深度理解，才有了张小龙式的笃定与从容。

B8

UI 设计

UI 设计能给用户提供可操作并且友好的界面，使用户能够轻松地使用软件以满足他们的需求。UI 设计需要尊重用户友好性、可操作性、一致性、反馈机制等方面的要求，以提供出色的用户体验。

UI 设计包括"交互设计"和"界面设计"两部分。

交互设计即人机交互设计，其目的在于提升软件的易用、易学、易理解性，降低使用门槛，让产品真正成为为人类服务的便捷工具。

界面设计越来越受到人们重视，已经成为产品是否具备竞争力的重要因素之一。

要做好 UI 设计，我们可以从以下几个方面来考虑。

B8_1_ 简洁性

人们不喜欢复杂的事物，一个软件即便功能非常强大，但界面设计复杂、布局混乱，也很难得到用户的喜欢。

要做到软件界面设计简洁，可以考虑以下几个方面。

1. **布局清晰：** 合理安排界面元素的位置和大小，遵循常用的布局规则，使得用户可以直观地找到需要的功能和信息。

2. **简洁的颜色和图标：** 选择适合的颜色搭配，尽量使用简洁而明亮的颜色，避免使用过多的色彩和图案；同时，使用简洁明了的图标，用直观的图片来表达功能，减少文字说明的使用。

3. **避免信息过载：** 只呈现用户所需的核心信息，避免界面中出现过多的信息、选项和功能，保持界面的简洁性和易用性。

4. **简明扼要的文字内容：**使用简洁明了、易懂的语言来表达指令和提示，避免使用过多的技术术语和冗长的描述。

5. **合理利用空白区域：**合理利用空白区域，可以提高界面的简洁性，使界面更加清爽和易读。

6. **用户友好的交互设计：**通过合理的交互设计，减少用户操作的复杂性，优化用户体验，使用户能够快速上手。

7. **根据用户需求进行功能选择：**根据用户需求和使用场景，精心挑选功能和操作方式，避免呈现冗余功能，呈现精简而实用的界面。

总体来说，想使软件界面简洁就是要去除冗余的设计元素和功能，突出核心信息和功能，使界面更加直观、易用、美观。

B8_2_ 高效性、流畅性

从本质上来说，高效性和流畅性主要指向同一个问题，就是程序的运行效率。

高效性偏重于从软件开发者的角度来考虑问题，指的是软件运行得比实现同样功能的其他软件更快，以及消耗的系统资源更少。

流畅性则偏重于从使用者的体验角度来考虑问题。除了受运行效率影响，交互方式设计的优化、优先响应用户操作，也会提升流畅性。

要提升软件的高效性和流畅性，可以考虑以下几个优化措施。

1. **代码优化：** 可以考虑使用更合适的变量类型、更高效的算法、更合理的对象和模块加载方式等，减少资源消耗、提升代码执行效率。

2. **架构设计优化：** 通过对庞大、复杂的功能进行重构，使用独立模块甚至独立工程，结合科学的调度机制实现整体功能，这既提高了软件运行效率，又能降低程序复杂度。

3. **功能设计优化：** 简化用户操作的步骤和流程，减少烦琐的操作，提升用户体验；减少或优化界面上的动画效果，避免过多的图形渲染；避免过多的冗余功能，呈现精简而实用的界面。

4. **数据缓存和本地化处理：** 对于频繁使用的数据和资源，可以进行本地缓存，减少网络请求和数据传输时间，提升软件的响应速度。

5. **并发处理：**利用多线程、多进程或异步编程等技术，提高软件的并发处理能力，避免界面或操作的卡顿。

6. **预加载和延迟加载：**可以考虑在软件启动时对常用资源进行预加载，以减少后续操作的等待时间；对于一些非必要的组件或数据，采用延迟加载策略，减少软件启动时的资源消耗。

7. **界面操作设计优化：**在用户操作时，提供即时反馈，例如显示加载进度、状态变化等，让用户知道软件工作状态，无须猜测。

除了上述提到的这些措施，针对具体项目的具体情况，还会有其他一些更有针对性的处理措施。综合运用这些措施，可以提高软件的高效性和流畅性，提升用户使用体验。

高效性、流畅性在很大程度上会影响一个产品的成败。

2005 年，腾讯收购了博大 Foxmail 团队，张小龙加盟腾讯。马化腾任命张小龙为广州研发中心负责人。

随后，张小龙和他的团队接手了 QQ 邮箱的维护和重建工作。
当时，没有人重视 QQ 邮箱，可以说张小龙接手了一个烂摊子。

在接手的第一年，张小龙和团队用了最"正统"的方法。比如，
研究竞争对手的产品、研究世界上最领先的同类产品，并且尝试
学习这些产品，把 QQ 邮箱的功能做得很复杂。

当时腾讯有非常科学的流程管理，有非常科学的一套研发设计方
法论，他们就使用这个方法论来做产品……最后得到的结果却非
常失败。

用户发现 QQ 邮箱运行非常慢，操作又很烦琐，所有功能看起来
都没有什么亮点，因此用户很快就流失了。

那一年所做的所有事情，张小龙概括为"一个非常平庸的团队用
了一些非常平庸的方法去做一个非常平庸的产品"，而且是在不
知不觉中进行的。

因为糟糕到了极点，所以张小龙觉得要么放弃 QQ 邮箱，要么重
新找到一条出路。

2006 年 10 月，张小龙及其团队决定放弃之前的繁复路线。他们

成立了一个精干的开发小组，从底层架构开始，重新做一个轻便的极简版 QQ 邮箱。[①]

张小龙说："从极简版开始，我真正投入了一些我自己掌握的产品体验，我怎么说团队就怎么做，任何一个元素要改都必须得到我的同意才行，我会全程参与这个产品的每一个功能体验开发。"

极简版 QQ 邮箱保持了一个极快的迭代节奏，每两周，最多三周就会发布一个新的版本。

极简版 QQ 邮箱给用户提供了简洁、高效、流畅的极致体验并且这种极致验一直保持至今，同时通过超大附件、文件中转站、漂流瓶等创新功能，迅速获得越来越多用户的喜爱。

到 2008 年的第二季度，艾瑞咨询的第三方数据显示，QQ 邮箱的用户数量超过了网易邮箱，而这在 2006 年，几乎是不可能实现的。2008 年年底，马化腾把一年一度的腾讯创新大奖授予了 QQ 邮箱团队。

---

① 来源：张小龙内部演讲，《警惕 KPI 和制造出来的流程》。

B8_3_ 一致性

"没有改变"是最好的改变。

一致性是 UI 设计的一个基本原则。

一方面，一致性的一个很重要的作用就是降低用户的学习成本；另一方面，在设计软件产品时做好 UI 设计一致性的定义和管控，将有助于提高产品设计和开发的效率，也有助于给用户提供更友好的使用体验。

我们常说的一致性往往指的是产品内部的一致性。我们还需要考虑产品外部的一致性，也就是我们产品的基本操作模式应该与它的运行环境（如操作系统、基础平台）尽量保持一致；如果产品是系列产品中的一个，那么它的基本操作模式和设计风格应该与系列产品保持一致。

为了提高一致性，我们需要从以下几个方面考虑。

1. **唯一性：** 相同的操作只有一种设计风格。例如，功能选择框，如果采用 Windows 的"对钩"风格，那么，整个软件的所有功能选择框都用"对钩"风格；如果采用 iOS 的"滑块"风格，那么，整个软件的所有功能选择框都用"滑块"风格。

   » 同一个页面，只提供一个入口；同一个功能，只有一个实现方式；同一类界面，只有一种展示方式。（当然，不排斥部分功能同时提供快捷菜单操作方式的情况）

   » 让用户选择对用户来说更多的是一种痛苦而非享受，他们会因此感觉困惑和恐惧。用户宁可沿着漫长而固定的路径重复操作，也不愿意使用多变的快捷方式。

2. **颜色：** 在颜色使用上需要严格定义，明确定义主色调、整体配色方案、通用部件颜色、可被选用的颜色等。

3. **布局排版：** 不同的功能模块，采用统一的布局排版风格和设计逻辑。

4. **字体：** 将 App 统一使用的一种字体贯穿整个产品设计，在字体大小设计方面运用重复原则，重复可以使其保持一致性。

5. 图标：采用统一设计风格的图标。

一个产品设计之所以没有获得好的评价，常常是因为设计的不一致性。可能产品的每个元素都是精心设计的，但不能形成一个统一连贯的整体系统，给用户东拼西凑的感觉。

设计者应该尽可能地保持和构建一致性。保持事物一致性意味着改变将会变得困难，然而，我们希望我们的产品变得越来越好，通过不断优化给用户带来更好的使用体验。

那么，当我们保证一致性时，该如何创新、如何变化呢？

这个答案你可以在"B6-1 需求的来源"一节寻找——"需求只来自我们对用户的了解"。你所有的设计都应该来自这个"了解"。当设计的改变可以更好地体现我们对用户的了解，更好地满足用户的需求，更好地提升用户体验时，产品将进化出更好的版本并且依旧保持一致性。

如果新的模式更人性化，更简单，更自然，那么旧的习惯终有一天会被改变。

我们要抛弃不人性化的创新，要时刻牢记创新是为人服务的。

B8_4_ 人性化

人性化是一种理念，具体体现为产品在保证美观的同时符合消费者的生活习惯、操作习惯，既能满足消费者的功能诉求，又能满足消费者的心理需求。

要让 UI 设计更加人性化，除了做到前文提到的简洁、一致，还应该关注以下方面。

1. **易操作性：**界面操作要符合用户的直觉，尽量避免让用户过多思考和记忆。提供简单明了的指导和提示可以帮助用户快速操作。

2. **可访问性：**考虑到不同用户的需求和可能出现的障碍，设计界面时应尽量提供可访问性选项，例如调整字体大小、颜色选择、辅助功能等，以确保所有用户能够轻松使用该界面。

3. **反馈和提示：**提供及时的反馈和提示信息可以帮助用户理解正在发生的情况，并使用户感到一切都在控制之中。提供清晰明了的错误提示和警告信息，帮助用户快速纠正错误和处理故障。

4. **用户参与：** 设计界面时应充分考虑用户的需求和反馈；通过用户调研、用户测试等方法获取用户的意见和建议，并将其纳入界面设计。

此外，提升人性化还需要考虑一个很重要的因素，那就是用户群。例如，如果产品的用户主体是年纪较大的人，我们则需要考虑适老化设计，包括采用更大的字号及更为清晰、简单的操作；如果产品面向儿童，那么，UI 设计应采用图形、动画、声音等形式，采用生动、活泼并且符合儿童年龄段思维的设计风格。

提升人性化还有一个越来越重要的手段，就是智能化。

过去（包括现在），在编辑文档时，当我们选中一张图片，再单击鼠标右键后，弹出的菜单会包含与图片操作相关的菜单项；当我们选中一些文字，再单击鼠标右键后，弹出的菜单将会包含与文字编辑相关的菜单项。未来（现在已经有部分软件可以做到这一点了），当我们选中一张图片时，智能提示栏就会对图片给出不同的美化方案，甚至推荐给我们另一张更适合的照片；当我们选中一段文字时，智能优化功能可以为我们提供条理更清晰或者更有文采的写法，我们可以根据需要一键替换。

随着 ChatGPT 和人工智能技术的日渐成熟，以上情形几乎会被嵌入我们所有的产品和使用场景中，人机交互方式很可能在不久的将来出现颠覆性改变。

总之，我们需要展现简单的、人性化的、符合人类直觉的界面。注意，一定要隐藏技术，不可以为了炫耀技术而设计功能，不可以为了炫耀实力而堆砌功能。

少就是多，不过度设计。宁愿损失功能也不损失体验。

不要给用户不想要的东西，任何没用的东西对用户都是一种伤害。

不人性化的创新会带来什么？以史为鉴，我们来看一个历史上的案例。

在诺基亚手机最辉煌的时期（1996 年至 2010 年），连续 14 年在全球手机市场份额排名第一。其成功的原因，除了战略上抓住了时代的机遇，关键还在于产品的优势。然而，当一个企业在产品上连续取得成功，产品团队有可能会过于自信，为了创新而创新，为了展示实力而过度设计，忘记了设计是为了给用户提供更好的体验和价值这个根本原则。

在巅峰时期，诺基亚设计出如图 B-7 所示的手机：诺基亚 7600 手机。

这款手机的设计不可谓不创新，然而"创新"并不等于"优秀"，诺基亚 7600 手机的创新就属于不人性化的创新。

图 B-7　诺基亚 7600 手机

首先，手机的键盘被设计在手机屏幕两侧，不符合人体工程学，操作起来十分不方便。

其次，接听来电的听筒在手机屏幕的左上角，人们从看屏幕到接听来电这两个动作之间，还要适当调整手握手机的角度，违背一般操作习惯。

最后，古怪的外形，既不卡通，也不庄重，无法定位其目标客户群。

当时，有网友调侃此手机的造型为"猪耳朵"，也有人认为这是诺基亚众多机型当中设计最失败的一款。

诺基亚为了创新去设计一款产品，或者是期待大的创新（变化）会有大的突破。然而，其外观设计并没有从为用户创造价值的角度出发，也没有尊重用户的使用习惯，更没有体现出人性化设计的特征，这可能也是诺基亚的手机业务快速走向衰败的原因之一。

B8_5_ 颜色的使用

在自动化领域，我们见到的工控产品的界面常常如图 B-8 所示。

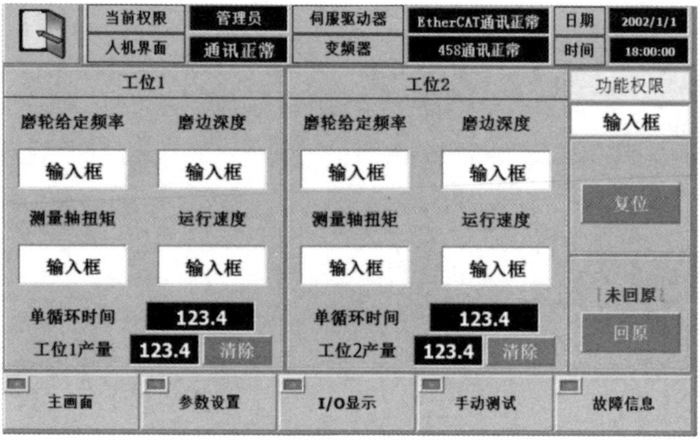

图 B-8　工控产品界面

软件产品经理对软件界面颜色的使用，就好比厨师做菜时对调味料的使用。如果调味料用得太少，菜品可能会过于清淡；如果过量使用调味料，菜品也许在刚入口时让人觉得味道还不错，然而吃多了，会让人感觉味道不好。

前些天，有一位小伙伴来问我："警报 ① 的颜色按下面这个方案设计可以吗？警报可以用橙色和黄色来表示吗？

"将警报等级按照问题的严重程度、可能造成的危害程度，用不同颜色加以区分，红色代表一级，橙色代表二级，黄色代表三级。"

我问："对于提示信息，例如'请打开安全门'，是不是没有颜色规定？"

他答："是的。"

我说："对于警报，并没有规定什么颜色能用，什么颜色不能用，我觉得用什么颜色不是关键，关键是我们的设计是给用户带来了更多的便利，还是带来了更多的烦恼。

"我们要结合用户的实际使用场景来考虑，如果用户看到

---

① 警报是工控产品应用软件的一个常规功能，当设备出现故障或者需要给用户操作提示时，用来显示警示或提示信息。

一个黄色警报，是不是表示问题不重要，可以处理也可以不处理；如果用户看到一个红色的警报，会不会很紧张，因为可能意味着发生了严重问题？

"一个低级别的警报，如果用户不处理，有没有可能会导致更严重的问题产生？一个高级别的警报，例如'急停按下'，对用户来说，可能是司空见惯的事情，使用表示问题更严重的红色，也没有什么意义。

"不同颜色所传达的信息，给用户的感觉是怎样的呢？是让设备的使用变得更加简单、更加省心，还是让用户更加迷惑、更加不知所措呢？"

对于颜色的使用，我个人认为：界面设计上的颜色，能少用，就尽量少用。

给用户提供选择场景的颜色通常不应超过两种。

如图 B-9 所示，在 Windows 的运行对话框中，"确定"按键用蓝色边框突出显示出来，表示这是用户首选的按键（默认操作按键），帮助用户快速定位操作。用户单击"取消"按键的概率会低一些，而单击"浏览"按键的概率则更低一些，因此，完全没有必要给后两个按键分别设计不同颜色的边框用来帮助用户区分这两个按键。否则，只会给用户带来更多困惑，造成选择困难。

图 B-9　Windows 运行对话框

举个生活中的例子。在路上开车时，"绿灯通行，红灯停止"，这个规则非常清晰。那为什么要增加"黄灯"呢？这是因为车速比较快时，如果绿灯一下子切换为红灯，司机来不及踩刹车，停不下来，而且突然踩刹车也容易造成追尾事故。

大家有没有发现，人行横道上的信号灯只有红灯和绿灯，没有黄灯？

过马路的行人出现"刹不住车"或者"追尾"的情况基本是不存在的，如果给人行横道增加黄灯，那就是画蛇添足的设计。

总之，消除不确定性，是产品设计者的一项特别重要的工作。

让用户选择，尤其是给用户多种不明确的选择，是很不好的设计。

再举个例子。

> 幻想一下，若干年后，我已经是一个垂暮老人，脑瓜也不怎么好使了。照顾我的护士把我要吃的药都分到不同颜色的药盒中，并且很耐心地叮嘱我："植老先生，蓝色药盒中的药早上吃，黄色药盒中的药中午吃，红色药盒中的药晚上吃。"

> 好不容易，我记住了。

> 等我一觉醒来，看着色彩斑斓的药盒，我问自己，到底要

先吃黄色药盒里的药还是蓝色药盒里的药呢?

护士为什么不在上面写个字啊!

图形和颜色可以让人快速识别信息，而文字表达则更清晰且准确。二者各有优势，可以互为补充。

B9   决策辅助工具

决策，或者说方案选择，是产品设计常常遇到的问题。当同一个问题，有两个或者多个设计方案，或者一个功能有做和不做两种选择时，我们会先进行讨论，听取各方的意见，如果仍然不能做出明确的选择，那么我们可以使用决策辅助工具帮助我们找出"最佳"方案。

B9_1_ 数据分析

进行产品设计时，设计者会基于自身的经验、对需求的分析、对用户的了解、对未来趋势的预判等，设计出多个方案，作为产品经理，我们需要对不同的设计方案进行筛选，确定采用哪个设计方案。

在两个或多个设计方案各有特色、难分伯仲时，采用哪个设计方案更合适？很多时候凭借直觉判断和逻辑推理，我们不一定能达成共识，找到正确答案，这个时候我们应该多做一些用户调查，了解一些未来趋势。

我们如何了解这个趋势？很多人使用数据分析的方法来了解，也有很多人通过别的方法来了解。数据分析这个方法十分有效，但如果分析方法使用不当，我们很容易得出一些错误的结论，并对这些错误结论深信不疑。

可能很多人都听过下面这个故事。

> 一个飞机修理厂为了了解飞机哪个部位最容易被击中，就去看飞机的故障主要出在哪些部位。他们发现飞机故障主要出现在机翼，因为那里的弹孔是最多的，于是他们决定把机翼加固，做得更加不容易被击伤。
>
> 后来有一个人说这样做可能不对，因为飞机被击中机头就会掉下去，无法回到修理厂，所以只统计返回修理厂的飞机的故障部位是没有意义的。

数据分析也是这么一回事，它严格依赖统计数据所用的方法，但这个方法非常难找。因此，你可能更关注与你期待的结果相关的数据，不自觉地忽略或者过滤掉其他数据，并据此得出一个有利于你的结论。

作为产品决策者，我们首先需要提升自身的能力，包括逻辑判断能力、价值判断能力、共情能力、审美能力等。对于在产品设计过程中，如何在不同的设计方案中进行选择的问题，我们应该基于自身的能力做出正确的判断和选择；对于部分争议较大的问题，我们可以通过数据分析来辅助决策，关键是要做好测试方案，以及选择合适的数据样本，避免因采用了不恰当的测试方案或者数据样本，而输出错误的结论。

B9_2_ 灰度测试

灰度测试，就是在某个产品或应用正式发布前，选择特定人群试用，以便及时发现和纠正其中问题的测试。

以下是灰度测试的一般步骤。

1. **定义目标**：确定想要测试的新功能或软件版本，并明确测试的目标和期望结果。

2. **选择参与者**：从用户群体中选择一小部分用户，他们将成为灰度测试的参与者。我们可以根据一些特定的标准选择参与者，例如用户的活跃度、经验水平等。

3. **创建测试计划**：制订详细的测试计划，包括测试日期、测试的功能点、测试的时间范围等。

4. **版本发布**：将新功能或软件版本发布给参与者，让他们开始使用该功能或软件版本并提供反馈。

5. **数据收集和分析**：收集参与者的使用数据和反馈意见。我们可以使用分析工具来跟踪参与者的行为并对其进行数据分析，以评估新功能或软件版本的效果和潜在问题。

6. **问题解决**：根据参与者的反馈，及时解决出现的问题，并进行相应的修复。

7. **评估结果**：评估灰度测试的结果，包括新功能或软件版本的效果、用户反馈的质量和数量，以及发现和解决的问题数量。

8. **全面推出：** 根据灰度测试的结果，决定是否继续推出新功能
   或软件版本。如果有需要，我们可以对结果进行进一步改进
   和优化。

灰度测试不应该仅仅是一次测试活动，还应该是一个循环迭代的
过程。根据用户反馈持续改进，不断优化软件的功能和性能。

产品观

提高篇

B10 用户体验

在腾讯并购 Foxmail 团队的洽谈期间，很多腾讯的员工，甚至是张小龙自己，都不太明白马化腾为什么要收购 Foxmail。有一次二人吃饭时，马化腾说："Foxmail 的用户体验做得特别好，我们自己也做，发现怎么都做不好。"

张小龙后来说："并不是所有做软件的人都知道该怎么做用户体验，而我在做 Foxmail 的时候，不自觉地模拟了用户行为，只是不知道这叫用户体验。"

那么，到底什么是用户体验呢？

让我们从更早一点的"历史"说起。

1981 年，认知科学、人因工程等设计领域的著名学者唐纳德·亚瑟·诺曼（Donald Arthur Norman）教授在声誉卓著的计算机杂志《数据化》（Datamation）上发表了一篇关于批评 Unix 操作系统的用户界面设计得糟糕的文章，引起了轩然大波。

这篇题为《Unix 的真相：用户界面很糟糕》（The truth about Unix : The user interface is horrid）的文章一针见血地指出 Unix 操作系统在人机交互设计方面的严重问题。

当时，Unix 已经成为大学的标准操作系统，并且承诺要成为家庭、小企业和教育环境大型、中型、微型系统的标准。诺曼教授指出，作为一个有很多优点的、实际上也很优雅的系统，Unix 操作系统对一般的用户来说，简直就是一场灾难。它在人类工程学的科学原理上失败了，甚至在普通常识方面也失败了。Unix 操作系统的设计者在用户体验方面的座右铭似乎是"让用户小心"。

在文章中，诺曼教授主要从以下几个方面详细论述了 Unix 操作系统在人机交互设计方面存在的问题。

1. 命令名称、语言、函数和语法不一致。表 B-1 是功能和 Unix

命令的对照表。命令的命名缺乏一致性，有些命令使用完整
单词，如 date、echo；有些则使用缩写，如 cp 表示 copy，
ln 表示 link，而 editor 更是被缩写成 ed。

表 B-1　功能和 Unix 命令的对照表

功能	Unix 命令
c compiler	cc
change working directory	chdir (cd in Berkeley Unix)
change password	passwd
concatenate	cat
copy	cp
date	date
echo	echo
editor	ed
link	ln
move	mv
remove	rm
search file for pattern	grep

2. **命令的名字、格式和语法似乎与其功能无关**。例如，"dsw"
   命令的作用是逐一列出当前目录下的所有文件，并询问用

户是否需要删除该文件。然而，你怎么记住"dsw"这个命令？这个名字到底代表什么呢？Unix 操作系统的设计者不会告诉你。用户手册则写着："dsw 这个名字是古代遗留下来的，它的词源很有趣。"

3. **Unix 操作系统仿佛是一个"隐士"，用户无法判断系统处于什么状态。**"没有消息就是好消息"是它的座右铭。例如，你输入"a"然后按下回车，界面看似很安静——没有消息、没有注释，什么都没有，但其实你已经将系统从命令模式切换到编辑模式，接下来你输入的内容将存储在缓存中。

4. **Unix 操作系统不了解普通人。**即使是每天使用 Unix 操作系统的用户，其认知负荷也会超出其承受极限，Unix 操作系统缺乏记忆结构导致你必须进行大量记忆，而缺乏信息互动会使你为了时刻清楚 Unix 操作系统处于什么状态而承受心理压力。一不留神，**可能就会失去对情绪的控制，甚至丢失你的文件。**

最后诺曼教授指出，做系统设计必须谨记以下三个最重要的原则：一致性、状态清晰、减少记忆。

虽然，诺曼教授的这篇文章已经发表超过 40 年，但依然极具参考意义，因此我还是推荐大家阅读，尤其是从事软件设计或者人机交互设计的读者或许从中会有更多的收获。

简单来说，好的用户体验就是让用户在接触和使用产品的整个
过程中，能够以较低成本（脑力、时间、金钱）满足对产品的
期望。

很多时候，产品设计部门的大部分日常工作就是在进行 UI、产品
外观以及产品结构的设计。软件产品没有实体的外形和结构，那
么，对软件产品来说，用户体验设计与 UI 设计是相同的吗?

从具体的工作事项来说，可以认为二者几乎是重叠的。更好的 UI
设计和人机交互设计，最终就是为了提升用户体验。

然而，从思想层次方面来说，二者又有所不同。用户体验基于 UI
设计，又高于 UI 设计。能否实现好的用户体验取决于一个更关
键的决定性因素——产品设计的核心理念。

也就是说，我们要有从用户角度出发的核心理念，对这个核心理
念的追求将使产品可以更好地满足用户需求，符合用户期望。同
时，这个核心理念也从更高维度指导具体的 UI 设计和功能设计，
避免产品设计因受到其他因素的诱惑而走偏。

我们可以认为，**产品的 UI 设计、功能设计是"术"，是具体的方式方法；而用户体验是"道"，是产品设计的核心理念。**

在启动产品设计工作之前，我们首先需要确定的是"道"，而不是"术"。也就是说，我们需要明确核心理念是否可以很好地支持产品价值的实现，以及支持产品的持续发展。

B11   做有灵魂的产品

什么样的产品才能算是有灵魂的产品呢？

> 有灵魂的产品是有机联系的，是整体和谐的。它就像人一
> 样，以完整的产品架构作为骨骼，并以功能作为肌肉；以
> 产品的价值观作为气质。它的反应是敏捷的、理性的，可
> 以做到逻辑清晰、交互合理。

什么是分裂的产品？

> 如果在一个产品里面，这一部分来自这种想法，那一部分
> 来自那种想法，大家互相妥协，把所有东西都加进去，那

么它大概率是一个分裂的产品。它没有统一的思想，而是
由各种各样不同的想法组成的。

因此对一个团队来说，不仅团队成员的思想要达到统一的状态，团
队成员还要把这种统一的思想转移到产品里面，使这个产品看起来
像人一样具有灵魂，消除其分裂的、不一致的部分。团队保持对产
品的坚持，甚至独断，才能使产品不分裂。而缺乏对产品的坚持的
团队决策和相互妥协，会导致产品平庸和各个部分的分裂。

做一个好产品很难，做一个有灵魂的好产品更难，做一个持续有
灵魂的好产品难上加难。

我们应该都会有这样的感受，很多曾经风靡一时的软件，随着时
间流逝会渐渐退出我们的视野，沉积在历史的长河之中。

大部分取得成功的产品都是极具特色、个性鲜明，有灵魂的好产
品。但是，随着时代的变迁，过去的优点和特色，可能渐渐不再
具有优势，甚至成为负担。能否重新回到上升轨道，再创辉煌，
在根本上取决于产品是否具有强大的、自我净化的、与时俱进的
灵魂，或者说其背后是否有一个有灵魂的团队。

有个性的产品，可能不完美，但也应该外表精致，内在和谐。

如何做有灵魂的产品，我们或许可以从张小龙对微信的一些思考中获得启发。

* 坚持把微信做成一个好的、与时俱进的工具。
* 微信的另一个原动力是让创造者体现价值。
* 微信是一个生活方式。
* 微信是用户的朋友。
* 好的商业化应该是不骚扰用户。
* 一切盈利都是做好产品、做好服务后自然而来的副产品。
* 只做让自己好，不让别人好的事情，是不会长久的。
* 垃圾短信不是最可怕的，最可怕的是你认为垃圾短信的存在是正常的。
* 一个产品要加多少功能，才能成为一个垃圾？

B12   对未来的理解

我们有必要花更多的时间思考和探索未来，这样我们才能更好地理解未来，例如未来行业的发展趋势、未来产品的形态、未来产品与用户的交互方式、万物互联与人工智能带来的影响等。

虽然，相对来说，传统行业的变化并没有那么快，但是，我并不认为身处传统行业会降低我们思考和探索未来的重要性。相反，如果我们在这方面做得更好，将更加有利于我们在竞争中胜出。

怎样才能够做到更好地理解未来呢？

我认为，主要有以下两方面。

1. 接受新事物

这个听起来很容易，但真正能够做到并且做好是有些难度的。人都是有惰性的，在很多情况下，人们之所以更愿意待在熟悉的环境和状态中，是因为改变常常意味着更多的不确定性和风险。

人生的本质是什么？

我认为，其实人生就是一场经历，或说是一趟没有返程的旅行。如果每一天我们都在重复昨天的事情，那么，一生和一天又有什么区别呢？

抗拒新事物，拒绝变化，意味着浪费生命。

2. 正确地思考

我们平时说一个人懒惰，往往指的是行动上的懒惰，其实还有一种看不见的懒惰，就是思考上的懒惰。

思考是需要消耗能量的，在一般情况下，很多人是不愿意思考的。

因此，当人们听到一个观点或者评论时，在多数情况下，会接受输出者的观点或者评论，因为这样不需要思考。但是，这种人云亦云的做法是有风险的，有时候甚至是"致命"的。

正确地思考是我们应该掌握的一个重要的基本技能。一方面，我们需要广泛学习和涉猎不同的知识，拓宽自己的认知边界；另一方面，我们还需要刻意地学习和训练正确的思考和分析方法，来提高我们的辨别能力和思考能力。

提高辨别能力能让我们在繁杂的现象和矛盾的观点中，快速抓住问题的关键，看透事物的本质，做出正确的选择以及找到解决问题的有效方法和路径。

要实现这个目标，也许有很多方法，其中一个非常值得我们学习的方法是学习明代思想家、军事家、心学集大成者、一代圣贤王阳明创立的"阳明心学"。

王阳明创立的"心学"，主要由"心即理""致良知""知行合一"等重要命题构成。

王阳明认为，"吾心之良知，即所谓天理也。致吾心良知之天理于事事物物，则事事物物皆得其理矣"。

这句话的意思是：我们心中的良知，就是所谓的天理，其中蕴含着天地万物运行的规律。如果我们能够在事物的磨炼中，彻底领悟心中良知的大智慧，认识到天地万物运行的规律，把这种大智慧运用到各种事物中去，那么就能主动地掌握各种事物的运行规律了。

我们来看几个对未来的理解的例子。

* **iPhone**

1973 年，第一部民用移动电话诞生了。2007 年，乔布斯发布 iPhone，重新定义了手机的未来。

* **二维码**

1994 年，日本人了发明二维码，2012 年，张小龙如往常般在朋友圈分享了他的思考，内容为：PC 互联网的入口在搜索框，移动互联网的入口在二维码。

这条足以载入史册的朋友圈，在当时受到普遍质疑。而今天，你我可能已经无法想象没有二维码的生活会变成什么样了。

＊ ChatGPT

2022 年 11 月 30 日，OpenAI 公司发布的 ChatGPT，在一夜之间打开了强人工智能的大门。可能在不久的将来，我们就会过上与强人工智能紧密相连的生活。

图 B-10、图 B-11 是基于我们当前的认知，对当前和未来的智慧曲线[①] 的勾画。

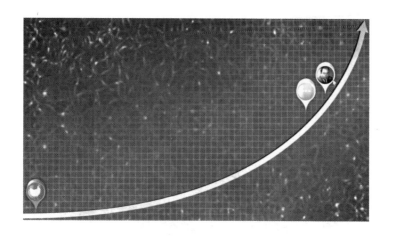

图 B-10　智慧曲线：鸡、我们、冯·诺依曼

[①] 智慧曲线来自神经科学家萨姆·哈里斯（Sam Harris）的 TED 演讲《我们是否会失去对 AI 的控制》。

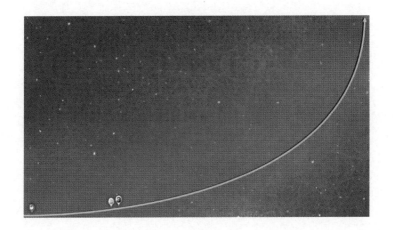

图 B-11　智慧曲线：鸡、我们、冯·诺依曼、智慧顶峰

未来将出现更多的不确定性，更需要人类认真思考，可控的强人工智能，可以帮助我们，造福人类；失控的强人工智能，则随时可能毁灭人类。

从产品的角度来说，人工智能也是一个产品，其设计和发展同样受到产品观的左右。

产品观的基座应该是善良。偏离了善良这一基座的产品，必将被它所在的系统，或者其所处系统之外更大的系统所抛弃，走向终结。

如果要让人工智能帮助和造福人类，那么，它必须是一个善良的人工智能！

B13   要不要向竞争对手学习

这大概率又是一个会引起争论的问题。

作为产品经理，我们所做的一切，都围绕一个中心——在竞争中取胜或者生存。

要在竞争中取胜或者生存，通常有以下两种路径。

* 弯道超车
* 换道超车

"换道超车"的机会比较少，在多数情况下，我们更有可能采取的是"弯道超车"这一路径。那么,"弯道超车"该怎么超呢?

我们来谈谈金山"WPS"[①]和微软"MS Office"竞争的案例。

> 在 MS Office 进入中国市场之前,WPS 独霸中国市场。从
> 技术角度来看,MS Office 的 Word 基于 Widows 系统,可
> 以做到所见即所得,打败基于 DOS 系统、只能模拟打印的
> WPS 是必然的。

> 正常来说,用户对一个产品都有使用惯性,不可能一夜之
> 间所有用户都开始使用新的产品,这就会留给落后者改进
> 和翻盘的机会。

> 然而,微软用了一招——"兼容",没有给金山留改进和
> 翻盘的机会。

> 1996 年,取得初步胜利的微软找金山签了一个"MS Office
> 和 WPS 之间的兼容协议",这样在 MS Office 里面可以顺
> 利打开并修改 WPS 所编辑的文件,反之亦然。

---

① WPS 在 2001 年 5 月正式更名为 WPS Office。

这个兼容协议直接加速了 WPS 在市场上的死亡。

然而，故事并没有结束。

目前，WPS Office 在国内的活跃用户数量是 2.6 亿，MS Office 为 2 亿左右，WPS Office 的用户数量已经超过 MS Office 了。这又是为什么呢？

在多年的挣扎和摸索都没有明显效果后，2002 年，雷军推倒了所有 WPS Office 代码，重新设计 WPS Office，而其中最核心的思想就是以其人之道还治其人之身——"兼容" MS Office，连按键的位置和大小都很接近（当然，实际并没有这么简单）；当年 MS Office 通过兼容击垮了 WPS，现在 WPS Office 对个人免费，通过增值会员服务等方式获得收益。

现在，哪怕是用了 10 年 MS Office 的用户，使用 WPS Office 也是毫无障碍的，甚至常常会发现惊喜。

不要认为 WPS Office "抄袭" MS Office 是可耻的，毕竟，这两家企业之间也是有 "兼容" 协议的，甚至金山就新版 WPS Office 的 Ribbon 工具栏界面的设计也咨询过微软，微软并没有反对。

前阵子，埃隆·马斯克在收购了推特之后，在和推特团队开会时，毫不忌讳地鼓励大家"Copy WeChat"（复制微信）。那么，虚心向竞争对手学习，我们又有什么好害羞的呢？

我想强调，**无论是在强胜弱的竞争中，还是在弱胜强的竞争中，"兼容"都很有用，只是使用时需要因地制宜，灵活变通。**

在追赶竞争对手的情况下，只有将产品的基础功能做到和竞争对手的一样强大，我们才有机会超越对手，不然，用户连使用我们产品的机会都不会给我们。

不过，从同类产品里找需求不是一个好办法。

做产品或者做运营的人都知道，竞品分析是挖掘需求最常用也最省事的方法。但别的产品经理决定做某个功能是基于他们自己的理解，并且深入地分析思考过用户需求；如果别人做了、用户也说好，我们就直接将相同的功能照搬过来，那么我们其实并没有深刻地理解用户需求。

这就是说，竞品虽好，但彼此的目标用户并不完全一致，产品调性也不一样，盲目地照抄、没有深挖用户需求不是一个做产品的好态度。

张小龙说的学其"神"，指的是如果模仿别人的软件、别人的功能，往往模仿过来的都是形式层面的，看上去好像没有什么区别，但是每个软件都有它独有的气质和精神，这种气质和精神来自软件开发团队的价值观和个性，是没有办法模仿的。

因此，我们做产品，要做出自己的"神"来。

当你面对产品要不要做某个和竞品一样的功能的问题时，会怎么选择？我的观点是要**尽可能站得比别人更高一些，而不是把跟随当作一种策略。**

所谓站得更高一些，指的是从更宏观的角度，看到更本质的问题，从更高的维度来进行系统性思考。

对于当下，我们不应在乎一时的得失。竞品的某个功能再好，如果它不是一个能够扭转战局的决定性功能，那我认为不做也没有关系。我们需要有自身的定位和路径规划。

B14   创新，还是抄袭

当年微信发布朋友圈功能的时候，评论界立刻出现大量的评论，说微信的朋友圈功能抄袭了 Path 或者照片墙（Instagram）。

张小龙少有地在他的朋友圈给出了强力的回击。

> #日有所思# 4.0 发布，所有业界评价几乎可以简化为一句，"抄袭 Path 或者 Instagram"。他们看不到朋友圈的产品形态中有机和精妙之美，看不到这是在 IM 关系链上做 SNS 的风险极大之尝试，以及我们如何规避这种风险。即便是 UI，他们不知道我们四个月来围绕朋友圈做了十几次方向调整和改版才有现在的自有风格的形态。他们更看不到接

口公开后接入第三方内容后可能有的变化。当他们在用抄袭来掩饰自身平庸而拒绝探索思考的时候，他们和我们的差距正在拉大。谨以此感谢和激励过去四个月来全力以赴思考完善开发朋友圈的所有同事们。

张小龙还说：

"我们很理解为什么那么多人喜欢说别人抄袭。一个人自己很平庸，所以希望别人也很平庸，评论别人抄袭能获得心理上的安慰，我们需要允许别人拥有获得安慰的权力。

"我们做的所有事情，都来自知识的积累，而不是凭空的想象。我们不会有机会重新发明一次电话，因为电话已经有了。但发明电话 100 多年以后，还是很多人在做与电话相关的产品。那是不是大家都在抄袭贝尔呢？即使是贝尔，可能也是延续很多先驱的研究而发明了电话。

"我们要用很多过往的知识，但是我们做的事情必须是新的，也总会有自己的想法。这个世界上任何一个点子，可能都会有人尝试过……我们不用太在意你用的知识是否有前人用过，但是你可以以新的方式去使用它。"

前文讲的 WPS Office 与 MS Office 竞争的案例，其背后的逻辑很值得我们思考。你在使用 WPS Office 的过程中，就会慢慢发现，它和 MS Office 真的不一样。这种不一样，是气质和精神层面的不一样。

当我们需要对我们的产品进行重大的改进甚至重构时，如果能科学地借鉴行业的优秀经验，并进行独立的思考和探索，形成独立的见解和逻辑，那么也就不太需要理会所谓的"抄袭某某某"的指责了。

B15

产品架构

可能有些开发人员会非常理解，产品架构其实跟代码非常像：当代码被变成复杂的系统的时候，它是有自己的结构的，产品也是这样。

哪怕是一个很简单的产品，也可能包含了上百个功能，你既可以像写代码一样，以一种线性的方式把这些功能串起来，也可以设计出产品架构。

你心中一定要有一个产品架构的蓝图，而不是只有一大堆功能的集合。如果产品只是一个无序的集合，缺少了自己的骨骼和系统架构，那么它将是一个很糟糕的产品。

B15_1_ 产品架构的重要性

产品架构是指在产品的设计和开发过程中，对产品的功能结构、技术结构、数据结构和流程设计等方面进行的整体规划和设计。

产品架构非常重要，它是产品开发的基础，决定了产品在性能、功能和用户体验等方面的表现。产品架构的好坏，不仅会直接影响产品质量的好坏，而且会从根本上决定产品后续维护的成本、升级扩展的能力，从而决定产品是可以持续健康发展，还是不得不被推倒重来，甚至走向终结。

B15_2_ 软件架构设计方法

开始软件架构设计之前，我们需要先深入了解用户需求、梳理业务流程，根据用户实际需要来选择合适的软件架构设计方法。

下面是几种常用的软件架构设计方法。

- **分层架构**

分层架构是运用最广泛的软件架构设计方法，应用程序被划分为多层，每层都有着特定的职责和功能。

从基础功能到上层应用，系统被有机地分解为多个层，通过数据接口或者通信机制，让每层从上一层获取数据和指令，完成其负责的功能，然后向下一层传递数据和后续执行指令。一些基础层的数据和指令可以被不同的层所使用。

分层架构有助于把一个应用分解成子任务组，每个子任务组处于一个特定的抽象层上。分层架构有以下优点。

* **易于实现和维护：**由于系统被分解为相对简单的若干层，因此易于实现和维护。

* **各层功能明确，相对独立：**下层为上层提供服务，上层通过接口调用下层功能，而不必关心下层所提供服务的具体实现细节，因此我们对各层都可以选择最合适的实现技术。

* **灵活性好：**当某一层的功能需要更新或被替代时，只要这一层和其上、下层的接口服务关系不变，则相邻层都不受影响。

* **具有良好的可扩展性：**增加新的功能时，我们无须对现有代码做修改，业务逻辑可以得到最大限度的复用。同时，我们

可以在层与层之间方便地插入新的层来扩展应用。

软件架构设计有一个"单一职责原则"（Single-Responsibility Principle，SRP）。《敏捷软件开发：原则、模式与实践》一书的作者罗伯特·C. 马丁认为单一职责原则就是"一个类应该有且仅有一个引起它变化的原因"（There should never be more than one reason for a class to change），这句话的意思是，在一个类的变化有两个原因时，我们就需要对这个类进行分离。

这也是软件架构设计的原则，这时我们要考虑的就不是类，而是层。这就是要把业务逻辑与基础数据分开的原因：引起它们变化的原因不同。其原则就是"任何一个软件模块都应该只对某一类行为者负责"。

一个应用应该如何分层呢？

这需要我们结合该系统的具体业务场景而定，根据应用的功能和系统特点，对系统进行水平层次抽象，根据单一职责原则对功能模块和架构层次进行合理的规划。

同时，我们也要认识到层过多会引入太多的间接层进而增加不必要的开支，层太少又可能导致关注点不够分离，系统结构不合理。

分层架构中最经典的就是三层架构，自顶向下分别由用户界面层（User Interface Layer）、业务逻辑层（Business Logic Layer）与数据访问层（Data Access Layer）组成。该分层架构有效地隔离了业务逻辑与数据访问逻辑，使得这两个不同的关注点能够相对自由和独立地演化。

经典的三层架构如图 B-12 所示。

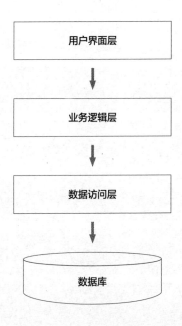

图 B-12　经典的三层架构

对于较为简单的应用（例如单体架构的数据库管理系统），三层架构非常实用，同时，它也是多数其他分层架构的基础，在三层架构的基础上，可以衍生出多种其他的分层架构。

电商平台通常采用微服务和中台架构，在业务逻辑层独立拆分出应用层，对业务逻辑层提供的服务进行进一步组装和编排，然后再暴露给前端应用（见图 B-13）。

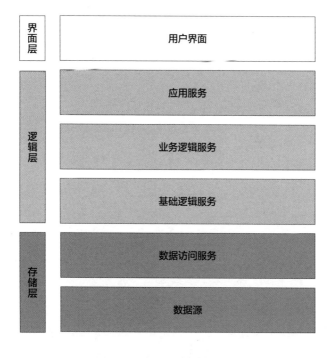

图 B-13　电商平台的分层架构

- **事件驱动架构**

事件驱动架构是一种系统或组件之间通过发送事件和响应事件彼此交互的架构（见图 B-14）。

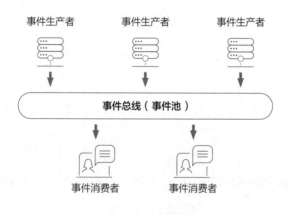

图 B-14 事件驱动架构

它是通过一个事件驱动框架（Event Driven Architecture，EDA）来定义设计和实现一个应用系统的方法学。在这个应用系统里，事件可传输于松散耦合的组件和服务之间。一个典型的 EDA 系统由事件消费者和事件生产者组成。事件消费者向事件总线订阅事件，事件生产者向事件总线发布事件。当事件总线从事件生产者那接收到一个事件时，事件总线把这个事件转送给相应的事件消费者。EDA 系统中各组件以异步方式响应事件，这些事件在本质上是可以并行的。

事件驱动架构在许多软件系统中都有应用，例如，

* **GUI 框架：** 例如 Qt、wxWidgets、GTK 等，这些框架中的事件（如鼠标单击、键盘输入）驱动程序的执行。

* **Web 浏览器：** 浏览器通过处理各种事件（如单击、键盘输入、鼠标移动等）来更新用户界面并响应用户的操作。

* **Web 服务器：** 如 Apache、Nginx 等 Web 服务器，这些服务器使用事件驱动架构来处理客户端的请求。

* **数据库管理系统：** 如 MySQL、Oracle 等，这些系统使用事件驱动架构来处理各种数据变更事件，例如插入、更新和删除操作。

* **实时系统：** 如航空交通控制系统、工业自动化控制系统等，这些系统需要快速响应各种事件，因此采用事件驱动架构。

* **游戏：** 许多游戏也采用事件驱动架构，例如第一人称射击游戏和实时战略游戏，这些游戏需要快速响应用户输入并更新游戏状态。

这些软件系统通过采用事件驱动架构满足了高并发、高吞吐量和低延迟的性能需求，提高了系统的可扩展性和响应能力。

采用事件驱动架构主要具有以下优势。

* **低耦合性：** 降低事件生产者和事件消费者的耦合性。事件生产者只需关注事件的发生，无须关注事件如何处理，以及被分发给哪些订阅者。某个环节出现故障，不会影响其他环节正常运行。

* **异步执行：** 事件驱动架构适用于异步场景，即便是在需求高峰期，将收集的各种来源的事件保留在事件总线中，然后逐步分发传递事件，也不会造成系统拥塞或资源过剩，提高了系统的响应速度和性能。

* **可扩展性：** 事件驱动架构可以更容易地开发和维护大规模分布式应用程序，提高了对不断变化的业务需求的响应效率。

* **开放与集成:** 可以很容易、低成本地集成、再集成、再配置
  新的和已存在的应用程序和服务。

事件驱动架构是一种可扩展的软件架构设计方法,适用于构建分
布式、高并发和可扩展的系统。

- **微内核 - 多插件架构**

微内核架构(Microkernel Architecture),也称插件化架构
(Plug-in Architecture)(见图 B-15),是一种面向功能拆分的
可扩展性架构,一般用于实现基于产品的应用。例如,Eclipse

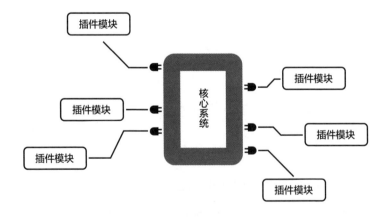

图 B-15   微内核架构

和 VS Code 开发平台、Unix 类操作系统、淘宝 App 类客户端软件等。

微内核架构包含两类组件：核心系统（Core System）和插件模块（Plug-in Modules）。核心系统负责与业务无关的通用功能，例如模块加载、模块间通信等；插件模块负责实现具体的业务逻辑，例如"学生信息管理"系统中的"手机号注册"功能。

核心系统一般比较稳定，不会因业务功能的扩展而不断修改，而插件模块需要根据业务功能的发展不断地扩展。微内核架构的本质是将变化部分封装在插件里，从而实现快速灵活扩展的目标，同时又不影响整体系统的稳定。

微内核架构的核心系统设计的关键技术有：插件管理、插件连接和插件通信。

微内核 - 多插件架构具有以下优点。

* 整体灵活性高，能够快速响应不断变化的环境。
* 易于部署，功能之间是隔离的，插件可以独立地加载和卸载。
* 可定制性高，适应不同的开发需求。
* 可测试性高，插件模块可以单独测试，能够非常简单地被核

心系统模拟出来进行演示，或者在对核心系统影响很小甚至没有影响的情况下对一个特定的特性进行原型展示。

微内核 - 多插件架构是一种强大而灵活的软件架构模式，它可以帮助开发人员构建易于扩展、可维护和安全的软件系统。

除了上述这三种比较经典的软件架构设计方法，还有其他的软件架构设计方法。例如，客户端 - 服务器架构（Client-Server 架构）、浏览器 - 服务器架构（Browser-Server 架构）、微服务架构等。

不同的软件架构设计适用于不同的应用场景和产品需求，在进行产品设计之前，我们应当根据实际项目的需求和设计目标，选择最合适的软件架构设计。

而在一个大型的软件工程中，我们则可以根据实际需要，对不同的部分，在不同的设计场景下，采用不同的软件架构设计。例如，工程整体架构采用微内核 - 多插件架构；为了便于独立模块之间的通信，我们可以引入事件驱动架构的事件通信机制；在核心系统和插件模块内部则采用分层架构进行设计。

逻辑链

基础篇

C1　　　　　　　　什么是逻辑链

我们常常会听到，有时候也会用到的"经济链""价值链"还有"证据链"等概念，是经济和社会生活中很重要的概念。使用这些概念及其原理，我们可以更好地梳理事物的关系，厘清问题的脉络，抓住问题的关键，从而更好地应对和解决问题。

从本质共性来看，这些"链"都可以抽象为"逻辑链"，它们分别是对不同的社会活动中包含的事物之间的逻辑关系的概括总结。"逻辑链"是对其他细分领域的"链"的一个抽象，因此，理解逻辑链的概念和基本分析方法并能够灵活运用，可以很好地提升我们的逻辑分析能力，让我们在不同的领域、纷繁复杂的现象面前，保持清晰、全面、客观的判断力。

逻辑链是事物与事物之间、概念与概念之间的联系，是寻找问题根源，厘清事情为何发生、如何发展、最后走向何方，用于总结事物发展规律，预判发展趋势的思考模型。

逻辑链是认知世界的有力工具，让我们能够知其然，更能知其所以然，从而更好地把握事物的发展。

C2　　　　逻辑链分析法与逻辑链思维

从逻辑链的概念中我们了解到，逻辑链除了包含事物与事物之间的关联，更关注事物发展过程中的逻辑关系。根据事物发展时间线的特征，我们常用的逻辑链分析法如下。

1. **向前溯源**：追溯问题产生的根源，就是多问几个"为什么"，逐步厘清因果关系。

2. **向后推导**：分析事情之后可能的发展方向，简单来说就是多问几个"然后会怎么样呢"，一般向后推导三次就可以确定未来的大概方向了。

3. **提炼规律：** 从你看到的表面现象中提炼出更本质的规律，一句话就是"先归纳，再演绎"。

逻辑链分析法是我们需要掌握的非常重要的思考方法，它是人们解决问题、推动社会进步、探寻未来的基础思维工具之一。

前文提到，人都有惰性，有一种懒惰是思考上的懒惰。

思考上的懒惰通常由主观和客观两个原因造成，即主观上不愿意思考，以及客观上不善于思考。

要解决主观上不愿意思考的问题，我们需要树立积极的生活态度，提升个人在人生观、价值观方面的修养，通过刻意训练，逐步养成主动思考的习惯。

客观上不善于思考往往是因为没有掌握有效的思考方法和工具，逻辑链分析法是一个很好用的思考模型。它让我们的思考过程更具方向性、条理更清晰，能够有效提升我们思考的质量，帮助我们快速找到问题的根源，正确预判事物的发展，从而在面对生活、工作、学习中的诸多问题和任务时，能够找到最佳的解决方案。

逻辑链分析法不应该是一些僵化的问题分析套路，而应该是灵活、有条理、多链路的思维方法。如果我们学会了一套拳法，实战时却只会从头到尾把每一招打出来，我们大概率会被对手打败。真正的学会应该是活学活用、随机应变，能够让我们在实战中有针对性地施展出最有效的打法。

对一道简单的数学证明题，我们可能就是从条件 A 推导出结论 B，对复杂的证明题，我们则可能是从 A 推导出 B，再从 B 推导到 C、D、E、F……最后得出结论。

然而，现实生活往往会比数学证明题更复杂一些，存在无数复杂的限定条件和影响因素，从一个问题出发可以衍生出不同的思考方向和思维层次。

我们对思考方向的把控和对思维层次的推进，直接影响问题解决的质量甚至成败。如果普通思维是在思考问题时思考一到两层，那么深度思维就是思考三层乃至更多层。就像下棋时，普通人思考之后的一到两步，而职业棋手则会考虑之后的十几步。可以说，我们的逻辑链条延展得越长，我们的思考就越深刻。

逻辑链思维就是说思维是一根链条，链条越长代表思考越深入。我们深入思考才能挖掘出事物的背后逻辑或者问题的根本原因，从而把握事物的发展规律，找到解决问题的最佳方法。逻辑链思维就像一根链条那样，让我们的思考从一个节点延伸到另一个节点，追根溯源，从源头上抓住问题的本质。

我们来看一个案例。

> 公司老板在生产车间里巡视，一台机器突然停止运行，老板站在原地等了两分钟，随后车间主任带着维修工人赶到，在更换机器的保险丝后，机器恢复运行。
>
> 老板问："这台机器刚才出什么问题了？"
>
> 车间主任："没什么大问题，就是保险丝烧断了，换一根就好了。"
>
> 老板："哦，不过为什么保险丝烧断了？"
>
> 车间主任："这个，嗯……"
>
> 维修工人："保险丝烧断肯定是因为机器负荷太大了。"
>
> 老板："哦，但平白无故的，机器怎么就负荷太大了呢？"

维修工人："这个就不知道了，需要再拆机检修。"

十几分钟后，维修工人："老板，找到问题了。因为轴承太干燥了，没润滑油，摩擦力太大，所以机器负荷就大了。"

老板："很好。那么为什么没润滑油呢？是用完了吗？"

维修工人看了一眼机器："润滑油还剩很多，但是润滑泵吸不上来油。"

老板："那为何润滑泵吸不上来油，它出什么问题了呢？"

维修工人研究了几分钟，说："因为润滑泵的轴磨损了、松了，在空转，所以吸不上来油。"

车间主任这下学聪明了，主动问："那为什么润滑泵会磨损呢？这东西在理论上使用寿命是非常长的，怎么会轻易磨损呢？"

维修工人回答："有很多铁屑之类的杂质混进去了，估计是从机器上半部分掉下来的。这个润滑泵才用了一年，原本预计能够使用 5 年以上。"

老板："那机器上半部分怎么会掉铁屑下来呢？"

维修工人："这个没办法，上半部分是机器的运转工作区，本来就磨损很大，掉铁屑下来没法避免的。"

老板："哦，那么能不能想办法让下面的润滑泵不受影响呢？"

维修工人："这太简单了，我们自己加个过滤网就行了，每年定期清一下过滤网，以后啥问题都没有了。"

可见，在现实中，正确运用逻辑链分析法和逻辑链思维，敢于追根溯源，将会有效提升我们对问题的认知深度，找到问题最根本、最核心的解决方案，让我们不至于浮于问题的表面。浅层的问题修补难以根除本质问题，我们后续只能继续打更多的补丁，疲于奔命般不断解决新问题。

C3 直觉决策与理性决策

直觉决策是指凭借第一反应做出的决策，也可以被认为是没有进行理性分析而做出的决策。理性决策则是经过逻辑思考后做出的决策。

我们都有过这样的经验，对于一件事情，我们有时候会不假思索、用闪电般的速度做出判断和抉择；有时候，我们则需要反复推敲，权衡再三，才能做出决定。

我们为什么会有这样截然不同的表现呢？哪一种方式更有助于我们做出更好的决策呢？

下面是我亲身经历的两个例子。

1. 买房

我刚参加工作不久时，有一天，父亲突然给我打电话，说："有时间去看看有没有合适的房子吧。"

当时，我真的没有考虑过买房这件事情，于是抱着"那就看看吧"的心态，就近找了一家房地产中介。中介先带我看了一套在大马路边的高层房子，我对这套房子一点兴趣都没有。可能是看出来我不喜欢"热闹"，中介试探着问："我带你看另一个小区吧，不过要走一段路，要不要去看看？"

我说："好啊。"

很快，我们拐进了一条乡间小道，路的两旁矗立着有几十年树龄的高大的马尾松，这是我小时候家乡公路两旁标志性的树木，很有亲切感。周围还有老旧的工厂宿舍楼，或者低矮的商铺以及后面密密麻麻的平房。

走到小道尽头我们拐了个弯，看到的景象让我眼前一亮。在新修的道路左边种了茂密的热带植物，把小区外部的景观与小区内部完全隔离开来，犹如一面绿色的围墙，道路右边是青翠的草地，不远处还有喷泉，一排色彩亮丽的房子与环境和谐相融，各种植物和景观，错落有致，很有特色。

中介告诉我，这个小区很漂亮，价格也很合理，就是有点偏，交通不那么方便。

我简单了解了一下大致的情况，就没有再去考察和比较其他的楼盘，直接决定在这个小区买房。这基本就是凭直觉做决策，因为我一进这个小区就有一种很舒适、似曾相识又有意外惊喜的感觉。

2. 看人

在我工作的十几年中，我经历了不少人和事，负责过技术团队的组建和管理，在看人和选人方面算是有了一些经验，也少有失手。

但我也有判断错误的时候。我刚开始创业的时候，团队新加入了一位小伙子，他说话很有条理，对人也有礼貌。直觉告诉我，他应该是一个很踏实、很能干的年轻人。

然而，事实却让我大跌眼镜。小伙子思维活络、技术过硬，但进入工作关键角色后，他逐步显现出能说会道，工于心计，善于把握甚至创造机会打压别人的个性，给团队造成了严重的不良影响，颠覆了我对他原本的印象。

丹尼尔·卡尼曼在《思考，快与慢》中告诉我们，认知系统划分为两个部分："系统1"反应快速、依赖直觉，几乎不需要我们的努力；而"系统2"工作起来需要我们集中注意力，但是它更为理性、精确。

一般而言，直觉思维是所见即所得，而理性思维是所思才有所得。直觉思维有很多好处，它可以帮助我们迅速做出判断。一些需要理性思维做出的判断，随着自己能力的提升和经验的累积，可以转化为我们的直觉思维，我们再遇到类似情况的时候，就不需要从头分析一遍，可以更快、更准确地做出决策。

在前面"买房"的例子中，我主要使用了直觉思维，其中一个原因是我当时很年轻，没有深思熟虑的思考习惯；另一个原因是结合过往的生活经历和个人性格喜好，这个小区无论是地理位置还是整体设计，都特别符合甚至超越我的期望，而最终结果证明我的选择是非常正确的。

在"看人"的例子中，虽然我同样结合了我过往的经验，但是，我急于通过直觉而做出判断，结果产生了严重的误判，给后续工作埋下了隐患。

直觉思维虽然可以帮助我们做出快速决策，但是存在相当大的风险。卡尼曼告诉我们：人的直觉是有缺陷的，我们的主观判断是存在成见的。

有时，我们无法自然地凭直觉找出问题的解决方案，无论是专业的解决方法，还是启发式的答案。在这种情况下，我们往往要找到一种慢而严谨，需要投入更多脑力的思考形式，也就是慢思考。

大部分商业和管理领域的决策都不是纯粹的直觉决策或者理性决策，而是需要二者互为补充，相互协同。

种种非理性偏见都是人类大脑在长期演化中得来的，是有益于生存和繁衍的特质。人们更看重风险，才能规避风险；遇到新事物采用启发式联想，才能快速归类、快速反应。当某类偏见的决策成功率较高时，这个偏见才可能在大脑中生根并固化成模型。

而理性，是人类发明不久的思维武器，用来对非理性失败的地方进行补救。时代迅猛发展，人类大脑来不及应对瞬息万变的情况，需要理性来补救的地方会越来越多。

直觉，是指没有经过分析推理的观点。直觉具有迅捷性、直接性、本能意识等特征。

除了先大性直觉，我们也可以通过长期的训练获得直觉。例如下象棋、围棋，经过一定的经验积累，尤其是技艺达到一定水平之后，我们就可以通过直觉迅速地对局面做出判断。这些判断都不是经过严密的推理得到的，而是在经验积累之后，通过直觉做出的。

例如，下面是一个相对简单的数学题。别费力去分析它，凭直觉回答。

买球拍和球共花 1.1 美元。

球拍比球贵 1 美元。

问球多少钱？

你会马上想到一个数字，这个数字当然就是 0.1，即 0.1 美元。这道简单的数学题之所以与众不同，是因为它能引出一个直觉性的、吸引人的却错误的答案。计算一下，你就会发现。如果买球花费 0.1 美元的话，那么买球拍和球共需 1.2 美元（球 0.1 美元，球拍 1.1 美元），而不是 1.1 美元。正确答案是，球是 0.05 美元。我们可以假设那些最终得出正确答案的人也想到了这个答案，只是不知道他们通过什么办法成功抵制了直觉的诱惑，最终给出了正确的答案。

在一些关键问题上，一方面，我们既要利用直觉思维，也要能够调用我们的潜意识，做出快速、准确的决策；另一方面，我们要控制好直觉决策的欲望，克服懒惰的天性，慢下来，启动理性思维，对相关要素进行系统梳理和分析计算，跳出固有思维，对不同的方案进行科学理性的推演，从而获得最佳决策。

我们要学会在直觉判断与理性分析之间来回切换，相互校验，互为补充，在慢思考不会产生重大伤害或负面影响的情况下，尽量避免或者减少直觉决策。

有一次，我和一位负责市场推广的同事到一家很有实力的公司谈一个旧设备改造项目。同事之前已经和客户交流过多次，双方合作的意向已经很明确，我的任务主要是确认实施方案在技术上的可行性以及还有哪些方面需要特别注意或者可以改善的。

双方讨论了三套实施方案。

* 第一套方案，我方提供完整的软、硬件方案。这套方案我方
  参与度最高，能够把控项目整体进展和质量。我方倾向于选
  择该方案。

* 第二套方案，采用市场上成熟应用这种设备的控制系统，我
  方提供执行单元和关键配件。这套方案在市场上已经有经过
  验证的案例，风险较为可控。但是，对方对选择该方案的意
  愿不高。

* 第三套方案，对方希望用一款他们熟悉的 PLC 控制器自行编
  写控制程序，我们提供执行单元通信方面的技术支持。这套
  方案我方参与度最低，在技术上我们没有难度，项目整体进
  展和质量主要取决于对方。对方倾向于选择该方案。

最后，客户拿出提前准备好的合作协议，计划采用第三套方案，
只要我方签字，马上就可以开始采购我们的产品并启动项目。

我和同事都很想马上拿下这个订单，但是考虑到需要与公司内部

相关部门进行协调以及确认部分技术问题，我们表示需要回公司确认后再签字。

回到公司，我向同事进一步了解了这个客户和项目的情况，并且与客户的技术工程师进行深入交流，了解他们选择第三套方案的原因、他们的开发经验，以及通过多种渠道全面了解他们选用的PLC控制器的性能、适用领域、开发工具水平等。

同时我们内部讨论了采用第三套方案，项目后续可能存在的风险，以及后续我们可能要面对的问题。

经过全面的分析和理性的推断，我们最后决定放弃这个项目。原因主要有两个。第一，第三套方案在技术上存在很大的风险，因为客户并不掌握此类设备的关键控制技术，必然会遇到障碍。客户很可能会将这些问题转移到我们提供的执行单元上，而我们仅从执行单元方面是很难解决这些问题的。第二，这是一个旧设备改造项目，不属于持续性项目，与我们的主要业务方向不符。

可见，在工作中，尤其是在商务谈判中，克制直觉判断产生的决策冲动，留出必要的时间进行理性的分析、思考和讨论，往往能够让我们做出更加正确和有利的决策。

C4   心理波动判断法

对于大部分的情况，我们利用好直觉判断与理性分析就可以得到明确的决策。然而，对于一些情况，我们可能采用直觉判断和理性分析，都不能得出有明显优势的结论，该怎么办呢？这时候，我们可以尝试通过捕捉轻微的心理波动来对比不同方案的优劣。

看一个程序员写代码的例子（见图 C-1、图 C-2）。

```
Result := -1;
if FileExists(FileName) and
   ((Mode and 3) <= fmOpenReadWrite) and
   ((Mode and $F0) <= fmShareDenyNone) then
```

图 C-1 逻辑运算符位置 1

```
Result := -1;
if FileExists(FileName)
   and ((Mode and 3) <= fmOpenReadWrite)
   and ((Mode and $F0) <= fmShareDenyNone) then
```

图 C-2 逻辑运算符位置 2

在图 C-1 和图 C-2 的两段代码中，带下划线的逻辑运算符
"and"，到底是写在当前行代码的末尾好，还是写在下一行代码
的开头好呢？这个问题在很多年前困扰了我很长一段时间。

对于这个问题，直觉没有给我明确的答案。通过理性分析，我发
现"and"放在开头有放在开头的好处，放在末尾也有放在末尾
的道理。在和开发团队讨论这个问题的时候，我还专门做了个调
查，结果两个选择的支持者比例几乎是一比一。

对于写代码，一致性是最基本的硬性要求，如果逻辑运算符有时
候放在开头，有时候放在末尾，则是比采用任何一种选择都坏的

结果。因此，不管是个人还是团队，都必须有一个明确而统一的
选择。

最后我的选择是将"and"放在当前行代码的末尾。

我这样选择的原因是，在阅读到一行代码的末尾时，将逻辑运算
符放到末尾能够让人立刻知道它与下一行代码的关系，而不是等
视线移到下一行代码的开头时才获得这个信息。缩短对当前行与
下一行代码之间逻辑关系不明确的时间（大约为 0.1 秒），人的
心理波动会更小。

写代码最忌不确定，不确定越少，持续时间越短，消耗的能量就
越少。

通过捕捉不同方案导致的不同心理波动，在一些情况下，也可以
给我们提供有价值的参考，帮助我们做出更好的决策判断。

逻辑链

提高篇

C5 系统性思维

一位我十分钦佩的公司领导，曾多次在公司的大会上告诫大家：
一定要有系统性思维！

我认为这不是一句冠冕堂皇、说说而已的话。

任何决策，如果没有被放在更大的系统中，如果我们没有跳出问
题看问题，没有从更高维度进行全局思考，就进行决策和选择，
那么决策错误的风险将会非常高，很容易出现方向性错误，最后
全盘皆输。

在我曾经工作的部门里，我们的产品在市场上就曾面对某外资品

牌的正面竞争。对手从硬件到软件，从品牌到技术都远胜于我们。如何在夹缝中生存，并找到突破的方法，成了我们必须深入思考的课题。

由于缺乏深入思考和清晰规划，实际中的情形则是下面这样的。

* 客户反馈外资品牌的产品有某个功能，我们的没有，于是我们马上安排开发。

* 客户反馈外资品牌的产品有某个动作控制效果比我们的好，于是我们调集研发人员，到现场采集数据，分析原因，加以改进。

* 客户反馈外资品牌的产品程序进行二次开发比较方便，于是我们赶紧对代码进行改进，例如，增强代码模块化设计、增加更多注释等。

以上的所有努力，都让我们的产品有所进步，这是值得肯定的，但是，这种局部打补丁式的改进，可能永远都无法让我们赶上对手，更别说超越对手了，甚至在我们小有所成的时间里，对手可能已经在实施甚至再次完成新的、跨越式的改进了。

我觉得，更为妥当的做法应该是如下这样的。

1. 分析行业现状与发展趋势，评估市场容量，明确我们产品的市场地位和发展规划。

2. 对比公司发展规划，确认公司在该领域或者该产品上的投入力度以及持续性。

3. 了解该领域竞品历史发展过程以及现状，吸取经验教训，别人踩过的坑，我们就没有必要再去踩一遍了。

4. 深入了解竞品的各项优势，结合我们的实际情况，找出最合适的追赶与超越方案。这一方案不能是单点的改进，而是整体性、系统性的升级，包括硬件、软件、开发平台、技术团队等方面的全面提升。

5. 做方案设计时，我们不要只关注本应用领域，还要看自动化行业整体的现状和发展趋势，为后续向不同行业拓展，以及持续升级迭代提前做好规划并打好基础。

有系统性思维是很重要的，同时我们需要防止不切实际、大而不当、光说不练的情况。只有结合实际，能够落到实处，能够指导实际工作的系统性思维，才是有价值的。

我们既要仰望星空，也要脚踏实地。

C6   逻辑链辩论法

产品经理几乎每天都会面临选择，到底选择方案 A 还是选择方案 B？

这时，我们应首先保证产品观正确，虽然正确的产品观不一定可以帮我们马上解决问题，但至少可以降低犯严重错误的概率。

然后，我们要按照逻辑链分析法，了解当前的状况，厘清问题的根源，分析底层逻辑，提炼规律，进而做出相对正确的预判和选择。

当我们需要说服队友或者与他人进行观点辩论时，应该把整个思考、推理的逻辑链条描述出来，形成包括每个节点的佐证材料、节点之间的推导逻辑等，最终形成完整的逻辑闭环。

形成逻辑闭环后，对方要赢得辩论，只能从以下两方面入手。

1. 首先完整理解你的逻辑链，然后提出在你的逻辑关系中存在的问题，看你能否解析并消除这些问题。

2. 提出与你不一样的逻辑链，使用另外的方案解决问题，并且证明他的方案更好，从而推翻你的方案。

我感触比较深的，也是一个产品经理经常会遇到的情况，就是跟人讨论问题的时候会争论起来。

我觉得如果是抱着一种求知、求真的态度争论，而不是为了争的输赢，那么即使别人辩赢了，说服了你，你也应该觉得很高兴，因为你发现了自己原有观点的不足，收获了新的知识，拓展了认知边界。

我们应该鼓励这种争论，而不要为了自尊心而战。

如果你的洞察足够深刻，逻辑推理足够严谨，逻辑链足够完整，你通常是很难被辩倒的。

C7   影响决策的根本因素

无论是在工作中还是在生活中，我们都会遇到各种需要进行选择和决策的情形。面对不同的路径和方案，我们应该如何选择？哪一个选择更有利？哪一个选择更正确？这是常常考验我们的问题。

做一个决策往往会受到多个因素的影响，每次做决策的时候，影响因素往往也不一样。如果没有抓住关键的影响因素，则可能会导致决策错误，甚至引发严重后果。

那么，有没有一个因素，在做不同决策时它总是存在，并对最终决策起到决定性作用呢？

经过很长时间的思考和实践，我认为是有的，这个因素就是——**利益最大化**。

对于个人而言，就是"个人利益最大化"；对于公司而言，就是"公司利益最大化"；对于国家而言，就是"国家利益最大化"。

我们说"利益"是影响决策的根本因素，这个"利益"不仅指狭义上的个人获得的金钱与财富，还包含更广泛的范围，包括健康、名誉、社会地位、社会价值等。只要是一个人所期待获得的，又或者期待能帮助他所关心的群体、民族、国家获得的，都属于这个"利益"的范畴。

另外，利益还分为短期利益和长期利益，物质利益和非物质利益。因此，需要特别强调，同样是为了"利益最大化"，如果思考时采取的角度不同，决策者的思想境界不同，同样的一件事情，就有可能做出完全不一样的决策。

> 在"桐城派"的故乡——今安徽省桐城市的西南一角，有一条长约一百米、宽约两米、鹅卵石铺就的巷道，人们称之为六尺巷。六尺巷南边是宰相张府，北边为吴家宅。
>
> 据记载，张文端公居宅旁有隙地，与吴氏邻，吴氏越用之。

家人驰书于都，公批诗于后寄归，云："千里来书只为墙，让他三尺又何妨。万里长城今犹在，不见当年秦始皇。"家人得诗，遂拆让三尺，吴氏感其义，亦退让三尺，故六尺巷遂以为名焉。

大致意思就是，清代（康熙年间）文华殿大学士兼礼部尚书张英的老家人与邻居吴家在住宅问题上发生了争执。两家的争执公说公有理，婆说婆有理，谁也不肯相让一丝一毫。张家人只好把这件事用一封家书告诉张英。张英当时贵为礼部尚书，位高权重。张尚书阅过来信，只是释然一笑，大笔一挥，回诗曰：

千里来书只为墙，

让他三尺又何妨。

万里长城今犹在，

不见当年秦始皇。

家里人看到回信，知道了张尚书宽容礼让，争一时不如主动谦让，于是立即将院墙拆让三尺，大家交口称赞张英和他家人的旷达态度。张英的行为正应了那句古话："宰相肚里能撑船。"邻居本来还在斗气，现在看到尚书家人居然退让三尺，一时间大受感动，于是也把院墙拆让三尺。两家人的争端很快平息了，两家之间，空了一条巷子，有六尺宽，有张家的三尺，也有吴家的三尺。村民们可以由此自由通过，六尺巷由此得名。

对于这个争端，为了维护自家的利益，张家当然是应该不做退让。然而，我们来看张英的决策，最后的结果导致他们家的利益受损了吗？不但没有受损，反而既改善了邻里关系，视野也更开阔，同时方便过往行人通行。张英家获得的更大的收益是，张英的行为流传后世成为佳话。

利益有时候就像握在手中的沙子，你越努力握紧它，它就越会从你手中流下来。

俗话说"舍得舍得，有舍才有得。"这就是说，不计较眼前一时的得失，才能获得更长远、更大的回报。

因此，对于同样的问题，以不同的角度思考，可能会得出完全不同的结论。当一个问题出现"死局"的时候，能够跳出局限，从更宽的视野，更高的层次来思考，也许就会有完全不一样的思路了。对于一个人，一个家庭是这样，对于一个产品，一家公司的决策，也是这样。

大家是否还记得 2010 年发生的奇虎 360 与腾讯之间的"3Q 大战"事件？

事件的最后，法院认定奇虎 360 构成不正当竞争，判决其停止侵权、赔礼道歉，并赔偿腾讯经济损失 500 万元。

虽然奇虎 360 输了官司，但是，从整个事件来看，并不应该简单地下结论认为哪一方是对的，哪一方是错的。

关于这个事件，《腾讯传》一书写道：

> 在 2010 年的中报里，腾讯的半年度利润是 37 亿元，百度约 13 亿元，阿里巴巴约 10 亿元，搜狐约 6 亿元，新浪约 3.5 亿元，腾讯的利润比其他 4 家互联网公司的总和还要多。

> 种种对腾讯的不满如同带刺的荆棘四处疯长，如同风暴在无形中危险地酝酿，它所造成的行业性不安及情绪对抗，在一开始并不能对腾讯构成任何的伤害，可是，聚气成势，众口铄金，危机就会在最意料不到的地方被引爆。

> 对腾讯的不满，归结为三宗罪："一直在模仿从来不创新""走自己的路让别人无路可走""垄断平台拒绝开放"。

诚然，商业竞争都是残酷的，一个企业竭尽所能实现自身的商业利益最大化，应该也是一种很自然的选择，就好像在浓密的树荫之下，难以生长出小草一样。

但是，物极必反。

> "只要是一个领域前景看好，腾讯就肯定会伺机充当掠食者。它总是默默地布局、悄无声息地出现在你的背后；它总是在最恰当的时候出来搅局，让同业者心神不定。而一旦时机成熟，它就会毫不留情地划走自己的那块蛋糕，有时它甚至会成为终结者，霸占整个市场。"许磊用一种近乎绝望的口吻写道。

矛盾在日渐积累。这时候，腾讯在安全软件方面频频出招，腾讯的"QQ 电脑管家"大有消灭奇虎"360 安全卫士"之势。随着QQ 电脑管家的持续升级和扩张，360 安全卫士感受到了巨大的威胁和压力。

> 《腾讯传》写道："在求和不成的情景下，除了置之死地的凶猛之外，这位湖北人已无任何可以凭借的武器。"

于是，双方展开了一场惊心动魄的生死大战。

…………

战争的最后没有赢家，腾讯"赢了官司，输了舆论"，奇虎 360
放下所有进攻的"武器"，接受判决。

然而，3Q 大战促使腾讯进行了深刻的反思，公司战略从"竞争、
对抗"转向"开放、分享"。通过投资业务把潜在的对手变成了
伙伴，靠投资广结善缘；通过开放 QQ 接口、共享用户资源、提
供开放平台，让不同的创新在良好的生态下获得快速成长。微信
横空出世后，腾讯更是凭借开放的生态，扶持起了一大批互联网
公司，京东、美团、拼多多等巨头都在其中。

过去，腾讯主要从产品和竞争的角度思考什么是对的，"现在，
我们要更多地想一想什么是能被认同的"，马化腾说。

战略转变后，腾讯迎来全新的发展阶段。从 2001 年到 2021 年，
即 3Q 大战前后，腾讯 20 年营收的变化如图 C-3 所示。

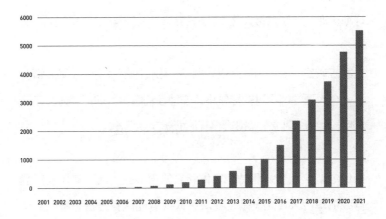

图 C-3 3Q 大战前后 20 年腾讯公司营收变化

从图 C-3 所示数据可以看到，"放弃"独享的利益后，腾讯的发展并没有变慢，反而进入了连续高速增长阶段。

同样是为了实现公司利益的最大化，腾讯在 2010 年之前采用"以大欺小，恃强凌弱"的做法，虽然赢得了竞争，公司业绩也在增长，但输掉了口碑和朋友；2010 年之后采用"开放连接，合作共赢"的战略，不仅取得了连续 10 年的快速发展，还培养了各个领域全方位的战略伙伴，构筑健康的生态，路越走越宽，也更好地实现了"利益最大化"。

大家应该都听说过囚徒困境的例子。囚徒困境表明,在某些情况下,个人理性选择可能导致集体非理性的结果。即每个人都在追求自己的最大利益,最终结果却对所有人都不利。

如何才能实现个人利益和集体利益的总体最大化?这是非常值得我们每个人,尤其是企业决策人或者团队管理者思考的一个问题。

以下是我曾经参与的注塑机控制器领域竞争的例子。

两家实力相当的注塑机控制器品牌厂商在中国市场展开竞争,A 公司的技术团队比较"保守",每个工程师都很会"保护"自己,掌握了新的技术,都会尽量把关键技术"保护"起来,遇到同样的技术问题,唯有他一人能够解决。他在公司的地位不可撼动,实现了个人利益最大化。

B 公司的技术团队比较"开放",团队管理者要求所有成员的技术成果必须在团队内分享,并以身作则,上行下效。形成分享互助、共同进步;团队合作、攻守互补的氛围。

如果这两家公司正面竞争，你猜结果会怎么样？

是的，正如你猜测的那样，竞争之下，优胜劣汰。最后，A 公司彻底退出，B 公司完胜。

其实，从本质上来说，A、B 两家公司的技术团队成员的想法是一样的，都想实现个人利益最大化。不同的是，A 公司的技术团队成员只是站在个人的角度考虑个人利益最大化；B 公司的技术团队成员则是把个人利益与团队利益统一之后，通过实现团队利益最大化，最终达到个人利益最大化。

思考问题时，需要我们提升思考的层次，尽可能从更高的高度、更广的范围进行思考，这样往往可以得到更好的、更有利于长期利益的决策方案。对于一个公司或者组织是这样，对于个人也是这样。

有一次，产品经理管理部门的同事找到我，问我有没有一些经验可以拿出来和大家分享。当天晚上，在出差回深圳的飞机上，我就想到了一个主题——关于产品在竞争中取胜的不同实施路径。我在手机上列出了主要的提纲，一下飞机，就把主题和提纲发给了那位同事。

你可能会说：你这么积极、乐于分享，真的很无私啊！

我很真诚地告诉你：不是这样的。

"无私"可能不会让奔波了一天的我拿出本应在飞机上休息的时间来努力思考和写东西。从根本上驱动我的，其实是我不会随意错过一个展示自己才能的机会。而向他人分享自己的经验和成果，让他人从中受益，实现集体利益最大化，也是能让我自己愉悦和获得成就感的一件事。

每个人都会计算个人的得失，不过，如果从不同的层面，以不同角度去计算，我们往往会得出完全不一样的结果。如何选择，因人而异。

总之，尽可能地站得高一点，将眼光放长远一点，努力看清问题的本质，然后再拿出"利益最大化"这把尺子来衡量一下，通过这种方式做出的决策可能会清晰且坚定很多，犯错的概率也会小很多。

C8　　　　　取胜的决定性因素

——团队，团队，还是团队

人们通常认为，团队是为了实现共同的目标而协同工作的群体。

一个真正的团队应该有一个共同的目标，即成员之间相互依赖，相互支持，并且能够很好地合作去追求集体的成功。团队具有核心意志，听从统一的调度指挥，配合行动，能够为了共同目标而共同努力。

团队必须具备三个要素：任务或使命、情感联系、两人及两人以上。任何一个组织，只要具备这三个要素都可以被定义为一个团队，只是大小不同而已；如果不具备其中某个要素，只能被称为组织。在现实中，很多团队主要以利益分配为主要目标，这样的团队从严格意义上讲不是真正的团队，它缺少情感、缺少使命、缺少文化、缺少精神。

C8_1_ 好团队有什么特征

参加工作以来，我曾先后在多个不同的团队工作，包括 IT 软件开发团队、自动化应用软件开发团队、解决方案运营团队等；所在团队有国内的，也有国外的；有我作为团队成员的，也有我作为团队主管的。

根据过往的经验，我认为好团队应该具备以下特征。

* 平等

平等是团队的基石。

我正式参加工作，加入的第一个团队是 Foxmail 开发组。这是一段深刻影响我整个职业生涯的工作经历。

我觉得进入社会的第一份工作往往是非常重要的，它在很大程度上会塑造一个人在日后整个职业生涯中的"职业观"，包括工作方式、思考方式、价值取向等。

在小龙的带领下，Foxmail 开发组以及整个公司给我最深刻的感受是平等。在公司内，所有人无论级别高低，都是亲切地互相称呼名字或者外号，同事之间沟通顺畅，相互协同高效直接。

经历了互联网泡沫，连续好几年，公司都没有组织过团建活动，而对于当时的团队，我觉得组织专门的团建活动也完全没有必要。团队每周有一场几乎雷打不动的"野"足球，有说走就走的大排档聚餐，还有在困难和挑战面前的群策群力，甚至还有Foxmail 每个版本成功发布后的自我感动……

所有这些对团队的影响，比一年一两次的团建活动带来的影响，不知道要好多少倍。

所谓的团建活动，在很大程度上不就是为了拉近上下级关系，减少同事之间的隔阂，或者让平时不常往来的同事有互相接触交流的机会吗？对一个平等且交流互动密切的团队来说，团建活动其实真的不是那么必要。

我想，当时公司没有专门组织团建活动的另外一个原因，或许是经费都拿去租足球场了。

平等，可能是一个最不被关注的团队特征，甚至我们都不知道怎么为提升团队内的平等水平而制定一些制度或者提供一些培训。**它就好像一座大厦的地基，不需要显露出来，甚至不需要专门维护，却支撑着地面上的整座大厦。**

平等，不等于没规矩或者无法统一指挥，相反，因为平等，团队成员之间沟通顺畅，下属更能理解上级的意图，上级能够听到真实的声音，从而做出正确的决策。上下同欲，无坚不摧。

我在 KEBA 公司任职期间，作为 KePlast 技术团队的主管，我和每一位成员都保持着一种简单而自然的关系，既不会特别亲密，也不会过分疏远。

广州的团队成员主要来自广州当地的几所工科大学和综合性大学，我是从其中一所工科大学毕业的，有超过三分之一的团队成员是我的同门。因此，我常常刻意提醒自己不能对他们特别照顾，尽量一碗水端平，以免造成其他团队成员的误解。

现在看来，其实这个担心也是多余的，在平等的团队氛围下，我根本不需要有诸多顾虑，过度地小心翼翼。

不平等的团队或组织，很容易滋生各种各样的人际关系问题，使团队或组织产生极大的内耗。

- 分享

分享是一个团队是否可以成为优秀团队的关键特征。

具有良好氛围的团队，一定是一个乐于分享的团队。团队内部通过充分的技术交流和经验分享，实现团队成员个人利益最大化以及团队利益最大化。

在任务安排上，一个技术团队里的团队成员各有分工，在一些具体工作上往往又会互有重叠或者交集。例如，由于定制化的原因，在同一个领域，不同的客户可能会有不同的需求，而同样的问题或者需求，不同团队成员可能会先后遇到，队员之间经常需要互相支持，甚至互为替补。

乐于分享的团队要求每个成员都对自己的技术工作进行文档化，在开发过程中同步完成关键技术文档，团队内部定期进行技术交流。这样，如果团队里面有十个成员，每个成员为团队贡献一份技术成果，也相应可以收获其他九份技术成果。每个成员的总收益都是"十"，而不是"一"。这样每个团队成员的个人利益最大化就实现了。同时，团队内每个成员不仅可以独当一面，还可以独当多面。团队成员之间紧密配合，工作效率大幅提升，也就实现了团队利益最大化。

分享不应该是为了满足规则制度的要求才不得不做的，而应该是团队里每个成员发自内心认同并主动实施的。

很多事情，只有发自内心地认同并主动执行，才可能做好，做到极致，否则往往都会变形走样，沦为形式主义而失去实际意义。

- **互助**

只有互助的群体才能真正被称为团队。

在平等、分享的团队氛围中，只要没有人故意去破坏，互助、互信的特征会很自然地产生。根据《影响力》一书中讲述的"互惠原理"，当一个人得到他人的帮助后，他也会很自然地主动去帮助别人，整个团队的互助氛围就会形成正循环。我们唯一需要做的，就是避免"坏味道"的产生，并及时予以清除。

我的一位旧同事告诉我，她在某全球著名的互联网公司工作时，感受最明显的就是公司的互助精神。她说，有一次，中国这边的一个项目，技术上需要美国那边某位同事提供协助，而这位同事及其所在部门都与这个项目没有直接关系。让她没想到的是，这位同事不仅远程予以支持，为了能够让项目的进展更加顺利，还专门抽时间飞到中国来，现场提供协助。

互助、互信的团队具有强大的生命力，当你可以把后背交给战友时，团队整体的战斗力将会有数倍甚至数十倍的提升。

我在 KEBA 公司工作时，有一次我要在现场给参展设备增加 CAN 通信相关的功能。当时，同事 Kuang 对这个技术比较有经验，但是他有其他任务，只能给我提供相关技术资料和远程协助。由于时间紧、工作量大，通宵作战是大概率事件了。Kuang 在电话里对我说："Jack，白天你打上半场，晚上我来打下半场。"他的这句话让我感动了很久。

互助、互信的团队，从来没有克服不了的困难、完成不了的项目。

信任，能够让人背靠背。**团队协作，并非一种美德，而是一种选择，而且，是一种战略上的选择。**

我们不需要把团队协作作为"美德"来颂扬，因为这是基本的要求，更是好团队的自然行为。

- **有灵魂**

一个真正的团队是有信念、有理想、有凝聚力、有灵魂的团队。一个有灵魂的团队需要有一个灵魂人物。

灵魂是团队的底层内核，涵盖了多个方面，包括核心意志、目标使命、价值取向和精神修养等。

团队灵魂是从团队建立之初开始逐步形成的，它的初期形态往往取决于团队初创期和发展期团队主管（Team Leader）的意志与人格特质。随着团队的发展壮大，经过不断打磨和提炼，这些特质会被团队成员继承和发展，逐步形成团队文化，指导和保障整个团队持续健康发展。

有灵魂的团队通过简单的、人性化的规则实现团队高效、自主运作，团队成员具有相近的价值认同、一致的理念、共同的愿景与使命。集体优先是大家一致认同的，大家可以为了成就集体而牺牲个人，为了成就大局而牺牲局部；不以个人的荣辱作为第一考量，敢于承担重任，勇于担责，将团队的成功作为自己最大的成功。

除了以上关键特征，好的团队还会具备其他优秀特点，例如，沟通顺畅、相互尊重、积极上进、适应性强、决策高效等。

C8_2_ 好团队为什么重要

我曾读到润米咨询创始人刘润的一篇文章，文章指出，产品，从来不是一家公司的核心竞争力，做出产品的人、做出产品的团队才是核心竞争力。公司与公司之间的差距的最终体现，是团队和团队之间的差距，是人的差距。

团队的重要性，怎么强调都不过分。核心团队的离开，往往也是一个企业衰落的开始。我们来回顾一下 20 世纪五六十年代仙童半导体公司的故事。

因为仰慕"晶体管之父"肖克利博士的威名，所以在 1956 年，八位风华正茂，学有所成，处在创造能力巅峰的年轻人聚集到"肖克利半导体实验室"。然而，肖克利并不善于管理，这些年轻人很难与之共事，一年之中，实验室没有研制出任何像样的产品。于是，他们向肖克利递交了辞职信。

1957 年，在谢尔曼·费尔柴尔德先生的资金支持下，出走的八人成立了仙童半导体公司。公司在罗伯特·诺伊斯的精心运营下，迅速地发展，在硅晶体管批量生产、集成电路的发明与改进等技术上取得了重大突破，依靠技术创新优势，一举成为硅谷成长最快的公司。

到了 1967 年，公司营业额已接近 2 亿美元，这在当时可以说是天文数字。

然而，由于母公司的总经理不断拿走利润去支持费尔柴尔德摄影器材公司，组成公司核心团队的八人在目睹母公司的不公平行为后，陆续离开。自此，纷纷涌进仙童半导体公司的大批人才精英，又纷纷出走自行创业。仙童半导体公司人才的大量流失虽是硅谷发展的利好，给仙童半导体公司带来的却是灾难。人才出走，仙童半导体公司无力回天，2016 年 9 月，它被安森美半导体公司（ON Semiconductor）以 24 亿美元的价格收购，为自己画上了一个并不圆满的句号。

人才和团队，是事业成功的基石。

在小米创立初期，雷军将八成的时间都用在找人上。他在小米创立初期找到七个"最强助攻"合伙人，组成了应用软件、操作系统、手机硬件的梦之队。也正因为雷军在找人上的巨大投入，小米才能迅速崛起，并保持强大的生命力。

可见，好团队是一个产品、一家公司成功的关键。

C8_3_ 如何打造好团队

要打造一个好团队，我觉得要做到以下四个方面。

第一个方面，找对人，尤其是找对团队主管，这是至关重要的。人对了，剩下的就靠努力了；人不对，怎么努力都没有用。

找人，第一，看专业能力；第二，看人品，要志同道合，而且人品比专业能力更重要。此外，团队成员的个人特质和价值观也要接近，相差太大就很难形成共同的团队文化，甚至造成巨大的内耗。

第二个方面，有明确的目标和愿景。确保团队成员对共同的目标有清晰的理解，有一致的理念认同，并且能够在实现这些目标的过程中保持动力和合作。

第三个方面，根据实际需要，制定简单、明确的规则。规则要人性化，以实现和维护团队利益为出发点，要得到大家的一致认同，并被内化到每个成员的思想当中，才能指导日常的工作和行为。

第四个方面，团队必须有自我净化能力。对损害团队健康、破坏团队氛围的行为，团队须及时严肃纠正，不合适的人坚决不能留在团队内。

自我净化能力相当重要，人都是有惰性的，团队也一样。如果对团队规则的一次微小破坏没有得到及时的纠正和处理，很快就会有更大的破坏行为出现；在团队中，有一个成员不分享经验，很快所有人就都会把自己的经验"保护"起来。

如果发现一个成员在某些方面不适合团队，例如技术能力、文化认同以及人品等方面，那么，我们应该果断将他放弃，勉强留下他，对他本人和团队都是伤害。

正如有这样一句忠告"成年人的相处：只筛选，不改变"。这句话的意思是，不要试图通过教育或者其他努力去改变一个成年人，那是没有用的。可以让一个人改变的，通常只有两种情形：一是自省，二是遇到重大挫折或沉重打击。

我们更应该花时间去选择合适的伙伴，而不是试图改变不适合的人。

读到这里大家千万不要误会我的意思，认为团队主管就是要整天板着脸，时时刻刻监督大家，稍有不满就使出雷霆手段。

实际刚好相反，要使团队具备平等、互助、分享的特征，需要团队主管以平易近人、体恤下属、有温度、用真心换真心的方式进行团队管理。

在相当长的一段时间里，我在某企业担任行业部门的技术主管，创建并带领技术团队逐渐走上良性运作的轨道。

以下是我在团队打造方面的一些经验总结。

- 选人

为了让团队可以更快速地运作起来，开始时，公司更乐意招聘有经验的工程师，因为培养的时间相对短一些。很幸运，我们当时招聘到的几位有工作经验的同事都非常优秀，后来也都成了技术骨干。

当团队渐渐成型，并形成一定的团队文化氛围之后，我渐渐发现，新加入进来的有工作经验的工程师，容易出现较难融入团队，甚至不适合团队的情况。于是，后期针对一线工程师岗位，我们主要招聘大学毕业生，然后通过培养他们，扩充技术团队成员。

我总结了一下，对于初创团队，核心成员最好是有经验的人才，当然，也需要他们志同道合并且都比较优秀。当团队成型后，选择有经验的新成员，需要格外小心——能力差的，可能发挥不了作用；能力强的，可能很难融入团队。这时候，我更建议招聘合适的大学毕业生进行培养，他们的可塑性更强，更易于融入团队。因此，此时建立完善的技术人才培养机制，对团队来说，也是非常重要的。

- 营造团队氛围

我们希望建立一个具备平等、分享、互助特征的团队。要达成这个目标，其中一个很关键的因素，就是团队主管要带头做表率。

在我们的团队里，主管与成员之间没有上下级之分，只在工作分工上略有不同，大家通常都打成一片，技术主管也是技术工程师，难度大的项目、难以解决的技术问题，首先冲上去的应该是技术主管。

为了避免团队内部形成"小山头""小圈子",我尽量和每个团队成员都保持相对均衡的距离,不在行为上表现出与任何成员特别亲近,与所有成员都保持"君子之交"的状态。

前文提过,广州团队的成员主要来自广州当地的几所工科大学和综合性大学,我是从其中一所工科大学毕业的。招聘时,我不会因来面试的人是同门师弟而给予特别优待。我也很少提及自己是从哪所大学毕业的,有时候还提醒自己不能对和自己毕业于同一大学的成员特别照顾,要做到一视同仁,以免其他成员误解。

在技术上,我对团队内部毫无保留、倾囊相授,花了大量的精力总结和编写技术分享文档,组织技术分享会。在我的带动下,团队内部逐步形成了平等开放、分享互助的良好氛围。

团队氛围建设的水平,在很大程度上取决于团队主管对"利益"的认知层次。

作为团队主管,我们要做到勇于担责,不抢功劳。只要做事,就难免会犯错,遇到这种情况,作为团队主管,我们第一时间想到的不应该是往外推卸责任,相反,出现问题,第一个需要担责的就是团队主管。团队主管要勇于承担责任,反思和改进自身工作,帮助队员成长;团队把事情做好了,获得表彰,团队主管应该站在团队的背后，把最大的荣誉和奖励留给团队成员。

这和"胜则举杯相庆，败则拼死相救"的团队精神是一致的。

- **立规则**

制定规则的目的要明确，制定规则不是为了划定一些条条框框来限制大家的行为，而是为了让大家步调更加一致，交流更加顺畅，个人进步更快速，团队力量更强大。

规则不需要很复杂，但必须十分清晰，足够细致。例如，制定代码编写规则，就需要具体到变量的命名规则、字母大小写的使用等。此外，作为应用开发与技术服务团队，我们还制定了以下一些规则。

* 写周报，内容包括每周工作的简要总结以及下周工作计划。

* 每个项目工程各自维护一份 Todo List（待办事项列表），该表格有统一的格式和维护规则）。

* 每周例会进行小型技术分享，Todo List 以及从 Git（一款分布式源代码管理工具）导出的改进包就是分享材料。

* 分享关键技术成果或者经验，撰写技术分享报告。

* 在每年两次的公司聚会上，我们部门组织全国三个地区的技术团队，一起进行内部技术分享讲座，要求每个工程师提前准备技术分享材料，上台分享经验心得。

* 队员的年度绩效评价以及职级晋升，与他的工作质量、对团队的技术贡献相关。

虽然有了规则，但是并不一定可以很好地执行，如果勉强执行，实际效果与期望效果可能会相去甚远。

团队主管还需要做一件尤其重要的事情——让成员从心底里认同这些规则，并且自然地使用。

参加过软件开发工作的读者应该很清楚 Todo List，它就是一个待办事项列表，也就是我们平常说的任务列表。我们的团队要求每个项目工程都独立维护一份 Todo List，它是一份有约定格式的 Excel 表格。针对项目工程的每个需求、改进、bug 修正等，我们都要把问题描述、解决步骤等信息写到表格中。

一些同事开始并不理解为什么要写 Todo List，觉得写它没有什么用，并且抱怨会浪费时间、影响工作效率。

为了消除大家的困惑，我专门给团队成员写了一封邮件，标题是"账要这样算"。主要内容包括：

* 什么时候写、如何写 Todo List 最高效，并且内容不失真。

* 如何利用 Todo List 提高编程效率。

* Todo List 在技术积累、技术分享、问题回溯、相同功能在不同项目之间快速复制等方面带来的便利。

* 通过实际案例证明，在编程过程中，我们只要多付出 5% ~ 10% 的时间，就可以数倍甚至数十倍地提高后续的工作效率。

我在团队分享会中对以上内容进行详细讲述，并举例说明，与大家进行意见交流，优化表格格式，明确执行细节；最终经过充分的交流探讨、权衡利弊、去伪存真，做到每一个规则都让大家一致认同，并且愿意用心去执行。这样制定的规则不但不会给大家造成负担，反而会提高个人工作效率。

规范化的工作方式，最大限度地降低了成员间的沟通成本，规则成为团队无形的神经网络，把每个成员紧密地连接起来，让每个人都享受到团队合作的红利。

- **正循环**

在我们的代码编写规则里面有一条：好的代码会催生好的代码，糟糕的代码也会催生糟糕的代码。别低估了惯性的力量。

团队也是一样，好的团队氛围会催生好的团队成员。在好的团队氛围的影响下，新加入的成员会很快地融入团队，自然而然地成为团队的一分子和积极参与者。

在这样的正循环状态下，团队会持续地良性运作下去，我们唯一要做的是及时消除不良因素的破坏。

好团队就是这样一步步建立的。

最后，团队主管要有一个思想准备。好的团队大概率会吸引并留住人才，包括技术能力和管理能力都比你强的人才。

正所谓"一山不容二虎"，不是说你们两个人会打起来，而是一座山上的"兔子"是有限的，你们的"生存"空间可能会不够大。

团队变得强大而导致个人空间不够，这是一件好事，千万不要觉得是坏事，这说明我们有能力考虑拓展新的疆域了。试问有哪家健康的公司会担心人才过剩问题？

公司需要为能力强的新星提供晋升通道，例如负责一个分支团队的管理，又或者接替原来的团队主管。

原来的团队主管应该乐于提拔新人，继续寻找自我提升的通道，或者切换赛道，拓展新的领地，挑战更高的人生目标。

吐故纳新，不断吸收新的人才，团队才能更具生命力。

后记

终于写到最后了，希望阅读本书能让你有所收获。

如果要用最简单的词语来总结本书的核心思想，我想，可以总结为两个词，就是"善良"和"平等"——做产品，要有善良的初心，产品能从为用户提供价值的角度出发；对待用户、建立团队，要以平等的理念作为根基。

在一个长达 8 小时的技术分享演讲的最后，张小龙说："我说的都是错的。"

本书的内容有相当大一部分也是源自张小龙的观点，在这里特别向大家推荐这本基于张小龙演讲内容，由腾讯官方出品，内容最全面、最权威的书籍——《微信背后的产品观》。

在很长一段时间里，我都不理解张小龙为什么说他说的都是错的。后来我又想，这些话是错的又怎么样呢？总比没有好啊，关键是看对于当下是不是有价值。

我想，书中的很多观点，日后很有可能会被人证明是不正确的，或者是不完全正确的。我很期待看到这些证明，新的结论将会帮助我修补我知识的不足，拓展我的认知边界。欢迎大家对书中的错谬给予批评指正或提出其他宝贵意见，本人由衷地感谢！

全书完，感谢你的阅读！

2023 年于广东

参考文献

1. 张小龙.微信背后的产品观 [M].北京：电子工业出版社，
   2021.

2. 李开复，范海涛.世界因你不同：李开复自传 [M].北京：中
   信出版，2009.

3. 吴晓波.腾讯传：1998-2016：中国互联网公司进化论 [M].
   杭州：浙江大学出版社，2017.

4. 里斯，特劳特.定位：有史以来对美国营销影响最大的观念
   [M].谢伟山，苑爱冬，译.北京：机械工业出版社，2011.

5. 斯多，沃尔特.模型驱动软件开发：技术、工程与管理 [M].
   杨华，高猛，译.北京：清华大学出版社，2008.

6. 马丁 . 敏捷软件开发：原则、模式与实践 [M]. 邓辉，译 . 北京：清华大学出版社，2003.

7. 季琦 . 创始人手记 [M]. 长沙：湖南人民出版社，2018.

8. 罗智 . 王阳明：知行合一的心学智慧 [M]. 北京：民主与建设出版社，2016.

9. 卡尼曼 . 思考，快与慢 [M]. 胡晓姣，李爱民，何梦莹，译 . 北京：中信出版社，2012.

10. 西奥迪尼 . 影响力：全新升级版 [M]. 闫佳，译 . 北京：北京联合出版公司，2021.

11. 俞军，等 . 俞军产品方法论 [M]. 北京：中信出版社，2020.

12. 黄中玉 .PLC 应用技术 [M]. 北京：人民邮电出版社，2009.